打造能執行、能感召、
能變革的管理者

不只是主管
現代領導的
八大實戰策略

LEAD WITH IMPACT

躍升智才 著

晉升領導職，不只是位置改變，更是思維重塑的起點
打造真正能帶隊、解題、創造績效的領導力

目錄

推薦序
從管理者到領導者的距離，是一段願意看見人的旅程

在我收到這本書的初稿時，第一個感覺是驚訝。不是因為它的設計多華麗，而是因為它的語言與內容如此貼近真實。這不是一本坐在高樓裡寫給企業菁英的管理手冊，而是一本寫給正在會議室、倉庫、前線與電腦前奮戰中的主管們的書。

多年來，我在不同產業與組織裡擔任顧問與教練，輔導無數主管走過晉升、轉型、卡關與重啟。在這些實務經驗裡，我看見一個共通現象：大多數主管不是不願意學，而是「沒有人教他們怎麼當主管」。

他們會做事，但不知道怎麼交辦。他們會追 KPI，但不知怎麼開口給回饋。他們想要當一個好主管，但困在沒有語言與工具的無力中。這本書，正是為了這些主管而寫。

◎管理者的痛，是實戰現場的無聲壓力

升上主管後，過去的成就變成新的起點，舊有的習慣變成新的問題。很多人以為主管就是升職，但其實它是一份全

新的職務。

你要學會怎麼決策、怎麼帶人、怎麼平衡組織與人性、怎麼在有限資源中穩定團隊。這些不是哪場訓練就能教會的能力，而是在一場場對話、一件件任務中慢慢練出來的實力。

這本書，每一章節都緊扣這些「沒人教但每天都遇到」的主管任務，從交辦工作、處理進度、應對衝突到建構制度與影響力，每一節都像是一位資深主管在你耳邊提醒：「這個時候，你可以這樣說試試。」

◎領導，是一場回到人心的實踐

我最喜歡這本書的一點，是它不以結果為唯一目的，也不把管理簡化成流程與數字。它一再提醒我們，主管最核心的本質，是讓人願意跟你一起走的那種信任。

信任從哪裡來？從你說的話能不能信、你的行為能不能預期、你的情緒是否穩定、你的態度是否真誠。

這些都不需要高位才能做到，只需要你每天的選擇與自我覺察。

◎這是一本可以陪伴你十年的書

當我自己從基層主管到中階經理，再到今天成為教練，我愈來愈明白：領導力不是天生的，而是練出來的。而練的起點，是先看懂自己「現在在哪裡」以及「可以怎麼做」。

這本書提供的，不只是理論與建議，更是一套可以操作的反思工具。你今天用它幫自己過一天任務，你明天可以用它帶一場對話、一個新人、一次轉型。

它不是一本「看過就好了」的書，而是一本你可以一讀再讀、每次遇到困難就回來翻一節的「實戰支援書」。

你不需要一次記住所有內容，你只需要從一章一節開始，去實踐。

◎給願意帶人更好的人，一份真實的支持

寫這篇推薦序時，我腦中浮現許多曾與我工作過的主管樣貌：

- 在工廠生產線上邊解任務邊訓練新人的小主管
- 每天進會議室前都先準備三套劇本的專案經理
- 明明自己壓力很大卻還要幫部屬加油打氣的團隊主管

他們都是這本書要支持的對象。他們都不是完美的主管，但他們是真實、誠懇、願意嘗試的領導者雛形。

我想對每一位閱讀這本書的你說：你已經不是一個人。這本書，是你帶人路上最實用也最有感的同行者。

從現在開始，讓我們不只做個交出結果的人，而是成為一個帶出他人成長的人。

這份影響力，不來自頭銜，而來自你願意開始的今天。

—— 推薦者

黃榮華　博士

使用說明
一套陪你走進真實職場的
管理工具書

在你開始閱讀這本書之前，我們想邀請你，先花一點時間理解這本書的設計邏輯與使用方法。這不是一本從頭到尾都必須連續閱讀的書，也不是一本讀完之後就結束的理論書，它是一套「在真實職場中可立即應用」的管理工具書，設計給每天都要處理人、解任務、盯進度、救火的你。

以下是你使用這本書時，最需要知道的五個重要原則：

一、這本書是按問題而非理論編排的

傳統管理書會按理論順序談願景、策略、目標、團隊設計等，但這本書不是這樣寫的。這本書每一章都對應主管日常會遇到的痛點場景，例如：「我該怎麼交代工作不會被誤會？」、「新人進來都做不久怎麼辦？」、「明明有會議卻什麼都沒決定？」、「怎麼說，才不會讓人覺得被羞辱？」等等。

換句話說，這是一本實境管理問題集與解題手冊。

所以你不需要照章節順序看。你完全可以根據你今天遇到的問題，翻到那一章，直接參照裡面的原則、語句範例、案例與提醒。

舉例來說，如果你今天剛被老闆要求兩天內產出專案企劃，但團隊同仁剛好人力緊繃又各自忙線上任務，你就可以打開第二章第二節〈怎麼看出誰能做什麼？〉或第五章第八節〈成就感是留人的關鍵〉，找到如何指派任務、調整人力配置並兼顧激勵的做法。

二、這是一本可以在開會前、寫信前、談話前翻的書

很多主管知道該溝通，但不知道該怎麼說、從哪裡開始講，說完之後擔心傷人又擔心沒重點。這本書每章每節，除了觀念與策略，幾乎都有「可以直接套用的對話句型」。

例如第四章第六節〈批評人的時候怎麼說不傷人〉中，就有這樣一段對話範例：

「我們都希望企劃案有更好的呈現。妳的創意很強，但這次資料來源部分太薄弱，我們可以一起找資料來源的方法，我願意幫妳整理資料庫的使用方式。」

這不是教你話術，而是給你一個方向，讓你在壓力大或情緒多的情況下，也能用平穩清晰的方式把事情說好。

三、你可以當成教練書使用——幫你診斷、練習、對焦

這本書不是只有內容，而是一套可以拿來當反思與行動的引導工具。

建議你在每一章結束後，對自己提問：

- 我最近在這方面有哪些痛點？
- 書中提到的原則我用了幾個？
- 下一次我可以改用哪一種說法？

你甚至可以在每週一安排半小時，選一節自己還不熟練的章節，挑一點內容，在本週管理任務中刻意練習。

這樣使用下來，你會發現自己說話方式、交辦任務的節奏與問題處理的角度都會發生變化。

四、這是一本可以和別人一起讀的書

領導力不是一個人的戰鬥。這本書的章節設計，也很適合拿來做團隊內部的讀書討論、主管群經驗交換、或是內部教練計畫的討論素材。

我們建議你在與同事共讀時，可以嘗試以下活動：

- 每人挑一章節，自我檢視最有共鳴的情境並分享
- 找三個章節中提到的「主管最容易犯的錯」來對照自己是否曾做過
- 模擬書中場景對話，一人當主管、一人當部屬練習實際溝通

透過實際操作，你會更清楚原本的帶人模式有哪些盲點，也能和夥伴建立共同語言。

五、這本書的終點，不在於「讀完」，而在於「帶出改變」

我們寫這本書，不是要你念完它然後放回書架，而是希望你拿來用。用在你明天要開的那場一對一、下週要啟動的專案、每個月都在煩惱的新人訓練上。

你可能沒辦法一次改完全部的管理方式，但你可以從每週練一節、每月改一個流程開始。

這不是一本用來說「我看過了」的書，而是一本你在職場旅程中可以一直回頭翻的陪伴手冊。

你越常用它，它就越貼近你。

陪你走過每一道領導難關

管理不容易。特別是在快速變動、資源有限、人事複雜的今天。

但你不孤單，這本書就是你在每一次帶人挫敗時、每一場會議難題後、每一段晦暗職場路上的夥伴。

只要你願意練習、願意修正、願意再試一次，我們相信：你會越來越像那個你理想中的主管。

而這本書，會一直陪你，走在這條不簡單卻值得的領導之路上。

第一章

當主管的第一步：先搞懂角色是什麼

第一節
老闆不是你、朋友也不是你

剛升上主管的第一天，你或許還在想：「我昨天還跟他們一起加班、一起抱怨，今天怎麼就變得不一樣了？」這種從同事變主管的轉變，是許多職場人難以適應的心理關卡。你開始發現，某些人跟你說話變得客氣了，某些會議你得獨自負責交代成果了，有些你昨天還能開玩笑的話，今天說出來卻讓人沉默尷尬。這不是你變了，而是角色真的換了。

在職場上，角色的轉變不只是職稱的改變，而是責任、關係與行為邊界的重新設定。你不再只是「把事做好」的人，而是「讓事情被做好」的人。你要學會設下界線、制定方向、協調衝突、承擔責任，這些事沒有人會在晉升那一刻告訴你，但你做不好，團隊就會很快讓你知道。

主管的誤解一：我應該像老闆一樣說了算

不少剛升任主管的人會有一種錯覺:「我現在是主管了，終於可以決定事情了！」於是開始指派工作、制定標準，甚至對同事說話的語氣都變了。結果卻發現：沒人聽指令、團隊氣氛怪怪的、連原本感情不錯的同事也開始疏遠你。

原因很簡單：你不是老闆，你只是管理者。老闆擁有權力、資源與決策最終權，而你是被委託來「協助組織更好運作」的人。你要管理的是流程、效率、溝通與合作，而不是單靠權威壓人。很多職場上的矛盾，來自於主管錯把「管理責任」當成「權力工具」。

主管的誤解二：我應該繼續當大家的朋友

另一種極端，是認為「我不想失去大家的友誼」，所以盡量不下指令、不給回饋、不設標準，生怕被說變了。結果團隊出錯，主管不敢糾正；大家互相推拖，主管自己扛；久了，連上級都質疑這個主管到底有沒有在帶人。

同事變主管，是關係的轉換，不是感情的斷裂。你可以繼續和大家建立信任、保有理解與包容，但你必須有勇氣承擔責任。真正成熟的職場關係，是能在原則上堅定，在情感上尊重。若你不敢當壞人，就會變成爛好人；而爛好人當主管，最終會讓團隊失去方向。

舉例對照：新手主管的三個常見窘境

(1)任務不清楚

主管以為說一聲大家就懂，但下屬其實滿臉問號，只是不好意思問。最後事情做錯了，主管怪說「怎麼連這都不懂」。

(2)責任不劃分

主管覺得團隊和諧最重要，所以什麼都自己來，結果忙到錯漏百出，下屬也失去了主動性。

(3)角色錯亂

遇到衝突時，主管站不穩立場，不敢決策也不敢向上反映，最終成了「上不滿、下不服」的夾心人。

這些狀況，其實都來自於對自己角色的不清楚：你不是來當英雄，也不是來當和事佬；你是團隊的領導者。

角色清楚，才能讓關係健康

你必須在團隊中被視為「一個穩定的領導者」。穩定，來自三件事：

- 說話有邏輯，不朝令夕改
- 對人有原則，不因人設事
- 做事有節奏，不慌不亂

當你能做到這些，團隊自然會感受到安全感，也會更願意信任你。信任不是因為你很帥、講話很幽默、下班請喝飲料；而是因為你讓他們知道「跟著你，有方向、被尊重、不會亂」。

如何建立新的界線？

剛升主管時，你可以主動跟團隊說:「我們的關係變了，責任也不同了。以前我是同事，現在是主管，我會盡力帶大家完成任務，但我也會需要大家的合作。」這不是生硬地宣告，而是誠實地說明。

你也要學會區分「朋友之間可以接受的行為」，跟「主管該設下的底線」。例如：

- 原本下班聚會的邀約，可能得變得適度，避免捲入派系或私下評價；

- 對某些人特別熟，也要避免私下幫忙掩護失誤或不公開的偏袒；
- 團隊之間的玩笑、語言尺度，當主管要格外注意不能帶頭失禮。

不是你要變得嚴肅或假掰，而是你得先尊重自己的角色，別人才會尊重你的帶領。

主管不是靠資歷，是靠責任感

很多人以為「當主管是年資夠久就輪到了」，但真正好的主管，不是誰久，是誰願意扛、誰願意學、誰能讓團隊變好。

你不需要完美，但你必須比昨天的自己更清楚方向、更有肩膀。別怕一開始不熟練，每一個成熟的主管，都是從搞砸開始練出來的。

記得：你不是老闆，但你要為老闆解決問題；你不是朋友，但你要讓團隊感到信任與支持。這就是「不只是主管」，而是一個真正開始懂得領導的起點。

第二節
從同事變主管會卡關的三件事

升上主管，不是升等打怪，而是換了遊戲規則。很多人升職的那一刻感覺風光，卻在接下來的每一天裡如履薄冰，卡關連連。你以為只是換個頭銜、開的會多了點、下屬要報告你了點，但實際上，你整個「身分認知」都必須更新。

如果你還帶著過去的習慣在當主管，做得再辛苦都會卡住。以下三個「最容易卡住的轉換」，幾乎每個剛升主管的人都會遇到，躲不掉也無法閃過，只能面對它，理解它，改變它。

第一卡：從「自己好」變成「讓大家好」

還沒當主管時，評估你的標準很簡單：把自己的事做好。事情做得快、報表做得漂亮、進度最早完成、被老闆誇。你靠這些升上來，理所當然也會想用這一套繼續往前衝。

但升上主管後，你再怎麼會做，永遠只能做一份工作。你要改的是——怎麼讓其他人也能做得好。這代表：

- 你要願意放手，讓別人嘗試，即使他們一開始做得不完美；
- 你要花時間教人、帶人、給意見，不再只是「快速完成」而是「共同提升」。

你會開始發現：自己做的事少了，但累得更多，因為你不是在做事，是在讓事情發生

如果你還用「做事」的眼光來看待主管職務，很快就會累癱，因為你會想全部親力親為；而如果你能轉成「讓人做事」的思維，你會慢慢學會授權、培養、整合，這才是真正的管理思維。

第二卡：
從「跟大家一樣」變成「被大家看著」

過去你是同事一員，大家開玩笑、抱怨公司、一起打混摸魚，都沒人會多想。但一旦你當了主管，你的每一句話、每一個動作，都被「放大檢視」。

你說：「最近有點累」—— 被解讀為「主管在暗示大家要加班」

你說：「我們部門氣氛要注意一下」—— 被解讀為「是不是有人被投訴了？」

你多跟某個人講了幾句話 —— 被解讀為「是不是有人被偏袒？」

當主管，沒有所謂的「只是講講」。這不是說你要變得拘謹無趣，而是要意識到你現在的位置與角色，是「訊號的發送者」。你講的話，就是標準；你做的事，就是文化。

這種「被看著」的壓力，很多主管一開始會很不習慣。有人乾脆選擇保持距離，什麼都不講，變得冷淡疏離；有人則開始過度解釋，結果落得說多錯多。其實，你只需要記得兩件事：

- 想清楚你說的話是不是會帶來誤解？如果會，改用更清楚的方式表達；
- 不要用「朋友模式」來管理，要用「合作模式」來建立關係。

主管不是明星，但你每天都在舞臺上，走位、用詞、表情、時間分配，都有意義。你不能控制別人的解讀，但你可以有意識地發出你想要的訊號。

第三卡：
從「有事找主管」變成「主管要自己找事」

以前，你的任務是由主管給的。今天做這個、明天處理那個，有問題你就回報、等待下一步指示。但當了主管後，如果你還在等別人派任務，你就只是個「掛名主管」。

主管的價值，不在於執行指令，而是「主動發現問題、設計流程、定義優先順序、找到資源、整合人力」。沒有人會明確告訴你今天要解決什麼，你要自己觀察、決定、嘗試。

這就是為什麼許多新主管會覺得「我怎麼每天好像沒做什麼事，但卻很累？」因為你正在做的，是沒有明確 SOP、卻非常重要的事：讓團隊的運作更順、讓工作更聚焦、讓人更有動力。

會「找事做」的主管，才會被看見。不是亂做事，而是找到團隊卡關的地方、流程沒人優化的空隙、人與人之間誤解的裂痕，然後主動出手改善。這才是真正的領導力。

三個卡點，其實都是一個問題——你還站在過去的位置看現在的事

不管是：

- 還用「我把事做好」的觀點來看績效
- 還用「我是你們的朋友」的心情來維繫關係
- 還用「主管應該交代我什麼」的等待心態來面對日常

這些，其實都反映出：你還沒有真的轉換視角。

當主管，不只是工作方式改變，更是思維結構重建。你要放掉一些過去讓你成功的習慣，學會新的「成功標準」——你的角色已經不同了，你的價值在於「帶出成果」，而不是「自己拚命」。

轉變不容易，但你不是一個人。每一個成熟的主管，都是從「卡卡的」那一步開始蛻變的。

記得這句話：從同事變主管，不只是頭銜換了，而是整個心態要跟著升級。你準備好了嗎？

第三節
為什麼大家不聽你的？

很多新任主管在上任不久後，會陷入一種深深的挫折感：明明自己講得很清楚，為什麼底下的人就是不照做？明明交代過三次，為什麼還是有人做錯、搞混、甚至乾脆不理？這時候，不少人會開始懷疑自己：「是不是我不夠凶？還是他們根本看不起我？」

事實上，問題不見得出在你講得不夠凶，更可能是你「講的方法」出了問題。領導者的影響力，不只是來自職稱或權力，而是來自你能不能建立「可信度」、「清楚度」與「可執行性」。簡單說，大家聽不聽你的，取決於他們「信不信、懂不懂、做不做得出來」。

信不信你：主管的威信來自哪裡？

剛升上主管，最容易誤解的一件事就是：我現在有頭銜了，所以我說話就該有人聽。但實際上，光有職稱而沒有信任，是很難建立威信的。真正的威信，來自於三個要素：

(1) 你有沒有展現穩定性？

今天說一套、明天變一套，大家當然不會信你。

(2) 你有沒有表現出公平感？

對人對事雙重標準，是毀掉信任最快的方法。

(3) 你有沒有能力解決問題？

每次問你都回答「我再看看」、「我也不確定」，久了大家自然跳過你。

威信不是自帶，而是累積來的。如果你能讓團隊覺得「有你在比較穩」，他們自然會聽你說什麼。

懂不懂你：主管說得清楚嗎？

很多主管以為自己已經說得很清楚，但底下的人卻還是一頭霧水。這裡面最大的問題叫做「專業錯覺」—— 你以為對方懂，是因為你自己太熟。

比方說，你說：「這個簡報要符合風格。」對你來說，風格就是之前開會定的那一套；但對新進員工來說，「風格」根本沒定義過。你說：「報表要做得精準一點。」但什麼是「精準」？是數據更新？格式一致？字體統一？大家各自解讀，結果自然出錯。

主管在說明事情時，記得這三個原則：

- 具體而非抽象：「快速處理」不如說「明天下午三點前完成」。
- 結果導向而非過程猜測：「我希望看到的成果是……」而不是「你自己想想該怎麼辦」。
- 確認回饋而非單向輸出：「你剛剛理解的是什麼？」這句話能有效避免誤會。

清楚，不是你講得多，而是對方聽得懂。

做不做得出來：能力與資源都要給到位

有時候大家不是不想做，而是真的做不到。你交辦了任務，但沒給資源、沒教方法、沒設定時間，結果事情擱著沒動。主管往往以為「他們自己會去找方法」，但很多時候，尤其是面對較新或能力還在成長中的團隊，這樣的期待反而造成壓力。

主管要負責的不是「自己做」，而是「把讓他人能做」這件事設計好。你需要問：

- 他們知道怎麼做嗎？（若不知道，你安排誰來教？或有無範例參考？）
- 他們有做這件事的空間嗎？（是否因為其他任務排擠了優先順序？）
- 他們知道為什麼要做嗎？（意義感與動機影響產出品質）

執行力，是被支援出來的，而不是被要求出來的。

常見迷思：你以為他不做，是故意抗命

不少主管遇到下屬沒做到時，第一個反應就是：「他是不是不服我？是不是不把我放在眼裡？」

但在大多數情況下，員工不是故意不做，而是：「他不知道這件事有這麼重要」、「他不確定怎麼做才算做好」、「他手上已經有其他壓力」、「他做了但你沒看到」或甚至是「他根本沒聽清楚你說什麼」。

把每次出錯都當成對你權威的挑戰，是最耗能的做法。相反地，把每次出錯都當作一個回顧溝通與管理設計的機會，才是成熟主管的做法。

建立讓人願意聽的習慣：從回應到文化

人願意聽你，不只是因為你講得好，而是因為他們在「聽你說話」這件事上，曾經有過正向回饋。什麼意思？就是：

- 他曾因為聽了你的指示，順利完成任務，獲得認同；
- 他知道你說的話是有依據、有邏輯的，而不是隨性情緒反應；
- 他知道你說出問題，是為了改善，而不是為了責怪。

這些「累積的經驗」會慢慢形塑一種文化：這個主管講的話，是值得聽的。

文化的建立，不是靠一次震撼教育，而是靠無數次「準確傳達、合理要求、給予支持」的累積。

不是大家不聽你，而是你要更會讓人想聽你

回到最初的問題：「為什麼大家不聽我？」真正的解答是：你要先確保自己是個值得被聽的主管。

- 有信任基礎（信不信）

- 表達夠清楚（懂不懂）
- 支援夠到位（做不做）

當你把這三點做好了，還真的不聽的那一兩個人，你自然有底氣處理。但在那之前，請先從「讓自己更好被聽懂與信任」開始。

你是主管，不是說了算的人，而是讓話說了有用的人。

第四節
威嚴跟信任怎麼拿捏？

「當主管，要凶一點才有人怕你」—— 這是很多剛升主管常聽到的建議。但也有人說：「主管太凶會失去人心，要以誠相待、做朋友。」這兩種說法，看起來都合理，卻又常讓人陷入兩難：不凶怕沒威信，太親怕被踐踏。到底怎麼拿捏？

這節要談的，就是主管最難練也最關鍵的平衡能力之一：「威嚴」與「信任」之間的拿捏。這不是做選擇題，而是學會兩者共存。

一個沒有威嚴的主管：沒人把你當一回事

想像一個狀況：會議中你安排任務，下屬嘴上說好，事後卻沒動作；你講了三次的規則，總有人裝沒聽到；你試圖勸說某位團隊成員改進，對方卻回：「可是以前不是這樣啊。」這些行為的背後，都藏著一個共通點：他們不把你的話當成有約束力的指令。

主管沒有威嚴，整個團隊會開始鬆散、滑水、各做各的。不是因為他們多壞，而是人性使然——當沒有清楚的邊界與後果，就會用自己最舒服的方式行動。

建立威嚴，不是拍桌子、罵人或拉高音量，而是：

- 你的話有後續：說出來的事會被追蹤、會被檢視，不會說完就算。
- 你的標準有一致性：不因人設標、不因天氣好壞改變原則。
- 你有能力處理違規者：該提醒就提醒，該處理就處理，不拖延、不閃躲。

威嚴的核心，是「可預期的後果」與「清楚的原則」加上「確實的執行」。

一個沒有信任的主管：沒人願意真心跟你合作

反過來說，如果你把威嚴用錯方式建立，例如：常用權力壓人、下屬出錯就責罵、毫無彈性地要求執行，那麼團隊雖然表面上聽話，實際上卻「只做最低標」、「只求保命不求創新」。

信任不是放任，也不是和氣，而是「下屬相信你不會亂來」——你不會亂罵人、不會亂改決策、不會因個人喜好給評價。他們願意主動提意見、願意承認錯誤，是因為他們知道你是公平的、有原則的、願意傾聽的。

一個讓人信任的主管，具備這三個特徵：

- 溝通透明：不搞神秘，不用模糊語氣帶過重大變動。
- 承諾會兌現：你說過要幫忙協調、會爭取資源，就真的去做。
- 遇事會扛責：出了問題不推給下屬，而是一起解決。

信任的本質是「心理安全感」。人只有在信任你的時候，才會願意全力以赴。

威嚴與信任不是對立，而是互補

許多主管誤以為這是二選一——要嘛凶，要嘛好相處。但其實最有效的領導，是「既讓人尊重，又讓人信任」的人。

- 沒有信任的威嚴，是恐懼
- 沒有威嚴的信任，是鬆散

威嚴提供明確結構與邊界，信任提供動力與情感連結。兩者一起出現，才能讓團隊既守規則、又有熱情。

臺灣主管常見的三種失衡類型

- 太怕衝突型：什麼都「好啦好啦」，遇事轉移話題，不敢處理衝突。結果下屬漸漸不當一回事。
- 過度強勢型：凡事要聽他的，無法接受意見。大家學會裝乖，但一有機會就跳船。
- 一人兩面型：面對上級時很硬，面對下屬卻軟趴趴。結果上級不信任、下屬不服氣，兩邊都沒站穩。

這三種狀態，說穿了都是「不會拿捏威嚴與信任」的表現。

怎麼培養雙向領導力？

你可以從以下這幾個方法入手，讓自己在威嚴與信任之間找到平衡：

- 設定清楚原則，但用人性說話：規則是死的，人是活的。你可以說「原則上這樣做是必要的，但我理解你目前有困難，我們來談配套」。
- 出手要果斷，但語氣可以柔軟：該處理就處理，但不必帶著情緒處罰人。
- 允許提問與回饋，但不放棄決策權：開放討論不代表你沒有立場，而是你吸收後仍然做決定。

記住，你不是要讓大家喜歡你，而是讓大家信任你、願意跟著你。

讓人服，也讓人願

當主管，最難也最重要的功課就是：讓人「服從」你的決策，也「願意」跟你一起走。這不靠性格，而靠練習。

- 威嚴，是你如何設定規則並守住它
- 信任，是你如何讓人感覺你值得依賴

這兩者都需要時間養成，但你越早有意識去練，團隊運作就越順利。

你不需要當個嚴肅的人，也不需要當個討人喜歡的人；

你需要當的是一個清楚角色、能處理事情、也能照顧人心的主管。這才是現代領導力真正的樣子。

第五節
被夾在上層與下層怎麼辦？

升上主管，你可能會發現，最大的壓力不是來自下屬，而是「上下拉扯」的夾擊感。一邊是上級的期待與績效壓力，一邊是下屬的情緒與執行力問題。你夾在中間，像個緩衝墊，挨罵也好、幫忙擦屁股也好，好像永遠兩頭不是人。

這就是所謂的「中階壓力症候群」。多數主管不是累在工作量，而是累在「要怎麼平衡上下的關係」。這一節，我們來拆解這個問題，幫你找出脫困與化解的策略。

上頭想結果，底下看過程：觀點落差是常態

主管最常遇到的兩種聲音是：

- 上層說：「怎麼這麼慢？這點事怎麼搞不定？」
- 下屬說：「為什麼又加任務？我們人手不夠了啊！」

你感覺自己像個傳聲筒，兩邊的怒氣都對著你來。但這不是你的錯，而是角色所處位置不同導致的視角差異。

- 上層看的是結果與效率：他們只想知道有沒有達標、什麼時候完成。
- 下屬看的是過程與感受：他們關心的是任務合理嗎？負擔會不會過重？

你需要做的，不是當傳聲筒，而是轉譯器。把上面的語言翻成下面聽得懂的說法，也把下面的實情整理後讓上層理解。

不是「選邊站」，而是「橋接雙方」

有些主管會陷入一種誤解：我要嘛幫下屬講話、得罪上司；要嘛配合上司、犧牲下屬。但其實，你的角色不是選邊，而是「幫助雙方合作」。

你不是保護傘，也不是打手，而是橋梁。橋梁的價值不在於強硬，而在於穩固與順暢。

比方說，當上層要求不合理進度，你不是直接說「不可能做」，而是提出幾個「實際條件下的選擇」：

- 我們可以如期完成，但必須減少其他任務；
- 或是維持現有任務進度，但這個案子必須延後；
- 或是加派人力支援，才可能達標。

這不是在拒絕，而是提供可行選項，讓上層做決策。同樣的，當下屬情緒反彈時，也不要只是說「這是老闆交代的，我也沒辦法」，那會讓你變成推卸責任的代言人。

你可以說：「我知道大家壓力很大，這項任務確實吃重，但我會協助爭取資源，也會和主管討論是否能調整時程。」這樣做，會讓下屬感受到你不是施壓者，而是協助者。

學會「雙語能力」：往上說成果，往下說意義

成功的主管，通常很擅長切換語言方式。這不是虛偽，而是讓訊息在不同位置有效傳遞的必要技術。

- 跟上司講話，要聚焦成果與解法：例如「目前進度落後 20%，我已調整人力並排除兩個瓶頸，預計三天內能回到原計畫」。
- 跟下屬溝通，要講明目的與價值：例如「這個任務關係到客戶續約，我們若能準時交付，明年的合約規模可能會成長一倍」。

你是節點，不是單向傳聲機。你說什麼、怎麼說，會直接影響上下兩邊對你的信任感。

面對上下壓力，怎麼不爆炸？

當你一天收到來自上層的指令、又要處理下屬的抱怨，加上還要顧自己的進度與會議，很容易情緒爆炸。以下幾個原則，幫助你撐住：

- 不要什麼都自己扛：被問到沒答案時，誠實說明「我需要確認一下」比硬答更能贏得尊重。
- 建立上下對話機制：固定週會、定期簡報，讓上層知道真實狀況，也讓下屬知道他們的聲音被轉達。
- 分清「任務」與「情緒」：處理任務時就解決問題，遇到情緒時則先傾聽、不急著回應。
- 留白時間反思：不要被夾在中間就一直忙到沒時間思考，安排每天 15 分鐘回顧一下「我今天哪裡卡住、能不能換個方式處理」。

不再當夾心餅乾，而是成為兩邊都仰賴的關鍵

最終，你想要的是成為「上層信任，下層服氣」的主管。這種主管不一定是最能幹的，但一定是：

- 知道怎麼化解上下張力
- 能替雙方找到共同語言
- 讓組織的齒輪順利運作

當你從「夾在中間」的壓力感，轉化為「我可以協助大家合作」的責任感時，你會發現這個位置，其實是整個組織裡最有影響力的關鍵位置。

記住，你不是夾心餅乾，你是橋樑建築師。

第六節
怎麼學會給方向又不多管

許多新任主管會陷入兩種極端：要嘛什麼都不講，讓團隊自由發揮；要嘛什麼都要管，從做法、時間表到字體大小都要插手。結果不是團隊做不出成果，就是整個人累得要命。你可能會問：「我該怎麼給方向，又不會變成控制狂？」

這一節，我們就來談談主管最難但也最重要的功課之一：方向感與放手力的平衡。

不給方向的後果：團隊迷航

如果你什麼都不講，讓下屬自由發揮，看起來很尊重人，但實際上可能讓團隊陷入迷惘。大家會問：這件事的重點是什麼？我們的目標是速度還是品質？這樣做到底是不是你要的？

當沒有人清楚方向時，團隊會出現這些狀況：

- 做一做就改方向，浪費時間
- 每個人各做各的，整合困難
- 出了問題才發現目標理解完全不同

主管的角色不是訂 KPI 就沒事，而是要協助大家「對焦」，也就是確保所有人都往同一個目標走。

你該做的事情包括：

- 清楚定義這次工作的主要目的是什麼（提升效率？創造亮點？補齊缺口？）
- 講明可以有彈性的範圍與不能碰的底線
- 明確指出你期望的「成果樣貌」而不是「執行細節」

比方說，不要說「幫我弄一份簡報」，而是說「我要一份用來向客戶簡介我們新方案的簡報，重點是清楚說明流程，並附上實際案例」—— 這就是給方向，不是給指令。

管太多的後果：主管累死，團隊躺平

另一個常見問題是：主管太擔心事情做不好，於是從流程、排版、句子到發送時間都要過問。

你可能以為這樣是負責，其實這會讓下屬覺得：

- 自己被不信任
- 做什麼都會被改，乾脆等主管指令再做
- 沒有學習與成長的空間，只是手在做主管的腦長期下來，你會發現所有事都卡在你手上：簡報沒過你不發、資料沒你看不敢送、意見沒你點頭不敢提。你以為掌控了全部，其實你讓團隊停滯了全部。

給方向，但不多管，關鍵在於：清楚定義「你要的是什麼」，讓他們自己想辦法達成。

四個步驟教你拿捏分寸

- 先說目標與標準，而非方法與細節：比起教他怎麼做，不如告訴他你想要什麼樣的成果樣貌。
- 確認理解後就放手執行：可以問「你打算怎麼做？」，如果他方向對，就讓他自己安排。
- 設計「檢查點」而不是全程監控：例如每週一次簡報或每日更新進度，而不是隨時追著問。
- 出錯時協助思考，不搶過來做：錯誤是學習的契機，不是接手的藉口。問「你覺得問題出在哪裡？下次可以怎麼改？」

這四步是從「給指令」到「培養能力」的關鍵過程。

案例參考：兩種風格的主管

假設有一個任務是設計內部電子報：

- A 主管說：「你就參考去年那版，加一點這次活動資訊，圖片放左邊，字體用微軟正黑體，16pt。」
- B 主管說：「我們要讓員工知道新政策有什麼改變，資訊要清楚、吸引人。你設計後給我初稿，我們來一起看內容呈現是否達標。」

哪一個更有效？B 主管的做法雖然花時間溝通，但換來的是真正的學習與合作。A 主管的細節雖準確，但會讓下屬覺得自己像個執行員。

真正好的主管不是做得多，而是帶得好。

信任，來自清楚的界線與適度的放手

給方向不是下命令，多管不是負責任。主管的責任，是定義成果、給出資源、設立檢核點，然後讓人有空間去完成。

你需要練習的是：在需要你出聲時你說得清楚，在該退後的時候你信得過人。這樣的領導方式，會讓團隊更有動力，也讓你不用累死。

記住：領導者的工作不是替每個人做選擇，而是讓每個人學會做選擇。你給的，不是答案，而是方向。

第七節
別再說「我只是照規定做」

「我只是照規定做而已。」這句話，是職場中最常聽到卻也最讓人無力的回答。它通常出現在任務出錯、同事不滿、流程不順，或客戶抱怨的時候。表面上它是自我保護的說法，實際上卻表現出一個問題：主管的角色意識仍停留在執行層，而不是判斷者與優化者。

當你升上主管，如果還在用「我只是照規定做」當擋箭牌，那你就還沒開始真正領導。這一節，我們要談的不是責備，而是幫你理解：為什麼主管不能只靠規定做事，而要主動思考、判斷與改進。

規定不是藉口，是底線

「規定」是讓事情有秩序的工具，是每個組織運作的基本。它提供基本行為準則、避免混亂，也幫助新人快速上手。

但主管的工作，不是僅僅遵守規定，而是要在規定中看出：

- 哪些規定已經不合時宜？
- 哪些規定與實際現場有落差？
- 哪些規定造成效率低落？

當你只會說「規定這樣寫的」，其實是在說：「我沒有想過怎麼讓它更好。」對上司來說，你不具備改善流程的能力；對下屬來說，你是個冷冰冰的傳聲筒。

主管不該只是制度的執行者，而要是制度的詮釋者與優化者。這就是你與一般員工的最大不同。

上層在等你「解釋規定」，而不是重複它

假設有個制度規定：請假要至少三天前申請。但某位員工家人突發重病，臨時請假。你若只是說：「規定沒三天不行。」那麼你雖沒違規，但顯得無情、死板。

相對的，你也可以這樣回應上司或人資部門：「依規定應三天前提出，但此案例涉及緊急家庭狀況，我已評估團隊人力能短期支援，建議核可本次特例，並提醒當事人未來仍應依規定作業。」

這樣的處理方式，展現出你的三種能力：

- 理解規定的精神，而非僵硬條文
- 保有原則但具備人性彈性
- 能用制度語言與人性語言對話

這些，才是主管該具備的「制度運用力」。

下屬在等你「賦予彈性」，而不是推責

當下屬卡在某個流程無法前進，來找你詢問時，如果你只說「我也沒辦法，規定就這樣」，他會覺得你不是主管，而是一層機器。

主管不是說出「不能做」的人，而是找出「怎麼做比較好」的人。你可以用這樣的方式回應：

- 「規定是這樣沒錯，但我們來看看有沒有折衷辦法。」
- 「我先幫你跟上層釐清這個規則的背景，我們再評估。」
- 「這規定是為了控制風險，那我們如果改流程還能保有控管能力嗎？」

這樣一來，你不只是把問題退回，而是幫他們解決障礙。久而久之，團隊會更信任你，也會學到如何「制度內創造空間」。

制度思維三階段：
從被規定，到懂規則，到能優化

主管對制度的態度，可以分為三個階段：

- 初級：照做就好→不問原因，只照流程跑。
- 中級：知道為什麼要這樣做→了解制度背後邏輯，但仍未調整。
- 進階：知道何時要變通或建議修正→在原則不變下，能調整流程、提出改善。

身為主管，你要努力邁向第三階段。這不代表你要硬碰硬，也不是亂變，而是能用邏輯、數據與前後脈絡說服對方：這樣做更有效、更貼合需求。

真正的主管，不只是守規則，
而是讓規則為成果服務

試想：如果制度是船的結構，那你是船長。你不能說「我只是按照設計駕駛」，你還要判斷風向、海流、危險物，甚至適時調整路線。

制度不是你的擋箭牌，而是你達成任務的工具。你怎麼用它，決定了你值不值得信任。

規定是起點，不是終點

升上主管，代表你要從「執行者」變成「判斷者」。別再用「我只是照規定做」來推開責任，而要問自己：

- 我有沒有真正理解這項規定？
- 它是否還符合現在情境？
- 我能否在不違規的情況下，創造更好的做法？

制度無法取代你的判斷力，而你的判斷力，正是團隊最需要的領導價值。

第八節
領導不是天生，是練出來的

許多剛升上主管的人，會在心裡懷疑自己：「我個性不外向、不擅表達，真的適合當主管嗎？」也有人羨慕別人天生有領袖氣質，講話大家就聽，開會氣場強大，部屬願意追隨。但現實是 —— 真正優秀的主管，並不是天生就是那樣，而是透過一次次學習、嘗試與修正練出來的。

如果你覺得自己不像主管，那反而是一個好開始。因為代表你有自覺，有機會從基礎一點一點建立起來，而不是靠直覺硬撐。

領導力不是個性，是行為

很多人誤以為「領導力」是性格決定的：外向的人比較會領導、話多的人比較適合帶人。但事實上，根據美國麻省理工學院（MIT）領導實驗室的研究指出，領導力是一種「行為習慣」，可以透過觀察、模仿與反覆練習逐漸內化。

舉例來說，以下這些都屬於可以練出來的行為：

- 如何開場一場會議、如何結尾不冷場？
- 怎麼給出具體回饋而不是情緒反應？
- 怎麼處理意見不合、如何化解衝突？
- 如何安排一週的時間兼顧追進度與關心人？
- 怎麼讓目標看起來不再空泛，而是讓人想完成？

你不需要變成演講家，也不需要時時刻刻正能量爆棚。你只需要在每天的工作中，多做一點觀察、多說一句清楚的話、多問一個有效的問題，就能慢慢堆出你的「領導習慣」。

三個常見的「自我懷疑」思維該放下

- 「我怕自己不夠有威信」：威信不是用來要求別人聽你話，而是來自你是否讓人感覺值得信任與依靠。當你穩定、有邏輯、有原則，威信就會出現。
- 「我不會講大道理」：沒關係，主管不需要會說教，而是要能「把事情說清楚」。不會講理論沒關係，但你要讓人聽懂目標、任務與原因。
- 「我不是領袖型人格」：這世界上的主管，九成以上不是「天生的」，而是因工作需要才轉型的。只要你願意學，就有機會做得好。

領導力是「能力集合」不是「單一特質」

你可以把領導力想像成一個工具箱，裡面有很多工具，而每個主管的強項與組合方式都不同。

- 有人擅長溝通，能把複雜任務說得讓人想做；
- 有人擅長規劃，把大計畫拆得清清楚楚；
- 有人擅長關心，能從人心出發調動團隊；
- 有人擅長數據與執行控管，讓進度準確推進。

沒有一種「完美領導者」模式，重點是你有沒有開始認識自己、補上缺口、找到風格。

練習的方法：從小處開始做對一件事

你可以從這幾個方向開始累積自己的領導習慣：

- 每週做一次任務回顧：問自己這週交辦的任務有沒有讓對方理解、進度有沒有跟上、資源是否充分。
- 開會時練習收尾總結：養成每次會議最後清楚講出三點：「下一步是什麼」、「誰負責」、「何時完成」。

- 給回饋時說具體行為：別只說「不錯喔」，而要說「這次你在報告中補充的數據很關鍵，讓我們更有說服力」。
- 每天抽五分鐘反思角色：問自己今天有沒有像個主管，而不是只是像個做事的人。

這些習慣看起來不起眼，但一週一次、一月四次、一年五十次，你會發現自己已經不再害怕帶人，而是能自然地扮演好領導的角色。

每個人都能成為「夠好的主管」

你不需要成為最會激勵人心的人，不需要成為最懂策略的那位，也不需要變成職場網紅。你只需要在團隊中扮演好這三件事：

- 讓事情能順利完成
- 讓人知道方向、感覺被支持
- 讓上下都能信任你是穩定的連結者

這樣的主管，已經是大多數團隊最需要的人。

別再說「我不適合當主管」，因為這不是適不適合，而是願不願意練。

你不需要完美，只需要持續。每一次開口、每一次任務分配、每一次回應問題的方式，都是你練習的機會。你不需要一開始就很會，但你可以在過程中變得很穩。

領導不是天生，是練出來的。而你，現在正走在路上。

第二章

工作怎麼分？不是誰閒就叫誰做

第一節　交辦工作不是丟包

「那件事你去處理一下。」「這個報告你負責，其他我不管了。」許多新手主管交辦任務時，常常以為把事情交出去就好，結果事情不是做不好、就是根本沒人動，最後還得自己回來補救。這讓主管懷疑：「是不是下屬太被動？」、「是不是我講不清楚？」

事實上，問題可能出在一個根本的觀念錯誤：交辦工作不是把事情推掉，而是把責任與資源一起交出去。

為什麼你交代了，事情還是沒動？

當主管只說：「這事你做一下」，但沒有說清楚背景、目標、成果期待，下屬很可能根本搞不懂你要什麼。他可能想：「做是可以做，但這樣做你會滿意嗎？是現在馬上要？還是下週？」

如果任務模糊不清，或是交辦後就消失不見，下屬會覺得：這件事只是主管想甩鍋，還是臨時塞東西，不是真正交付。這種感覺會讓他們選擇「拖一下看主管會不會改變主意」或「反正不是我原本的工作，慢慢來就好」。

好的交辦是有設計的

要讓任務真的動起來，主管不能只是說一聲就算，而是要有一套交辦設計。以下是四個必要元素：

- 背景交代：這項任務是怎麼來的？為什麼重要？和什麼專案或目標有關？
- 清楚目標：你期待的成果是什麼？有沒有標準格式、提交方式或時程？
- 可用資源：是否有參考資料、前人經驗、可協助的人力？
- 跟進機制：什麼時候檢視進度？用什麼形式回報？你會不會協助處理障礙？

不要怕交代得太多，只怕下屬腦中空白。一次講清楚，事後少補救。

交代不等於卸責

很多主管誤會了交辦工作的本質，認為交代出去就「清掉」了，但主管真正的責任是「任務完成」，而不是「我說了就算」。

交辦的過程中，你還要負責：

- 評估對方是否理解與接受任務
- 協助對方處理難處或卡點
- 定期確認進展，給予支持

當下屬覺得你交付任務後仍有在關心，而不是「丟了就不見人影」，他們才會覺得這件事是有意義的，而不是落單的責任。

案例：交辦不同的效果

同一個任務：「設計下一季的產品推廣簡報」。

(1) 主管 A 的交辦方法

「這件事你做一下，反正你之前有碰過類似的。」

→結果：下屬搞不清重點，資料抓錯方向，簡報做完主管整個打掉重做。

(2) 主管 B 的交辦方法

「這次簡報主要給行銷總監用，重點要放在產品的新功能應用。你可以參考上一季的格式，但記得新增新客戶案例。我希望初稿下週一給我，我會幫你 review。」

→結果：下屬知道標準、方向與時程，也知道主管會回頭看，不敢敷衍。

這兩者的差別，不是話多話少，而是是否給出「任務的意義、目標與支持」。

交辦也是一種領導展現

別把交辦看成日常小事。交辦工作的方式，其實就是你領導風格的縮影：

- 你是否有邏輯？
- 你是否尊重夥伴？
- 你是否懂得授權與信任？

好的交辦，會讓下屬覺得「我在主管手上做事，有方向、有支持、有空間」。而差的交辦，會讓人只想自保、閃躲、不認帳。

把任務交出去，也把責任留一點下來

交辦不是把事丟掉，而是把成果交付給對的人、並陪他一起完成。你該做的不是「切割關係」，而是「建立責任共識」。

當你能清楚交代、提供支援、適時跟進，任務就不再是你的一句話，而是團隊的一份成果。這樣的主管，不只有效率，更有信任力。

第二節　怎麼看出誰能做什麼？

當主管最痛苦的事情之一，就是分配任務時不知道該丟給誰：這個人閒但不太可靠、那個人能力強卻手上一堆事，還有一個人總說「我可以做做看」，結果總是做一半。你可能開始懷疑：「我是不是不會看人？為什麼工作總是分錯？」

事實上，要把人放對位置，不是靠直覺、也不是憑感覺，而是要透過觀察、對話與紀錄，慢慢建立一套屬於自己的「人力地圖」。

任務不該只是「誰閒」就給誰

許多主管在分配工作時，最大的誤解就是「誰沒事就叫誰做」。這種做法短期看起來省事，長期卻會造成幾個嚴重後果：

- 好的人才被過度使用，容易疲乏與流失
- 原本就低產出的員工因為被閒置，成長更慢
- 任務成果品質無法預測，造成不穩定

好的分配，不是把事情平均切開，而是讓每個人能在合適的位置發揮最大效益。

如何開始「看懂人」？

你可以從以下三個角度去觀察團隊成員：

能力面：他能做到什麼程度？

- 技術能力：具備哪方面專業？例如數據分析、簡報設計、客戶溝通。
- 思考邏輯：處理問題有層次感嗎？能否獨立思考？
- 任務掌握：需要多少指導才能完成一件事？

意願面：他想做什麼？

- 主動性：是否常主動請纓？還是只等交代才動作？
- 學習欲望：是否願意挑戰新任務、願意學習陌生領域？
- 態度穩定：遇到壓力會逃避還是尋求協助？

狀態面：他現在能投入多少？

- 工作負荷：是否已經滿載？是否有其他時程衝突？
- 情緒狀態：近期是否低潮、家庭因素影響表現？

◆ 職涯階段：是衝刺期還是穩定期？有無轉職意圖？

這三個維度合起來，就是你要建立的「人力全貌圖」。每個人都不是單一能力體，而是動態中的整合資源。

工具建議：任務指派前的三欄表

你可以在腦中或白板上畫一張簡單的三欄表：

員工姓名	能力強項	當前負荷
小張	分析資料、流程規劃	高（手上三個案子）
小美	簡報設計、文字撰寫	中（剛結束一個案子）
小林	專案協調、口語表達	低（目前在待命）

這樣你在思考任務該交給誰時，就不會只憑印象或心情，而是有邏輯依據。

實務對話技巧：三問了解成員定位

主管可透過日常一對一或工作檢討時詢問：

- 「你最近對哪一類任務最有信心？」（能力）
- 「有什麼想學或想挑戰的任務嗎？」（意願）
- 「你目前的時間安排有什麼壓力？」（狀態）

這些提問不只能幫你對人有更精準的認知，也能讓下屬感受到你不是「亂分工作」，而是有用心規劃。

會分工的人，才是會用人的主管

看懂人，不是天生直覺，而是觀察、詢問與整合的結果。

當你願意從每一次任務回顧、每一段對話中累積人力理解，你就能不再憑感覺派工，而是用資訊判斷配置。

你是團隊的策士，不是賭博的莊家。會分工的人，不只讓任務完成，更讓團隊成長。

第三節　給任務也要給資源

很多主管在交代任務時，會覺得「人都派下去了，還要什麼資源？」但現實中，一件任務能不能做好，常常不是「有沒有人做」的問題，而是「有沒有支援做得起來」的問題。

資源不只指金錢或設備，更包括資訊、時間、權限、支援人力、甚至是心理支持。當你只把任務丟給下屬，卻沒有一起給出他完成的條件，就是在放一個沒有地圖也沒有水的登山者上山。

為什麼任務做不好？可能不是能力，而是資源缺乏

主管最常誤判的情況是：「我覺得他應該可以做得起來啊！」但事實是：你以為的簡單，對他來說可能是資訊不清、時間卡死、權限不夠、工具不順。

舉例來說：

- 你要他跑一份分析報告，卻沒告訴他去哪裡抓資料；

- 你交辦他聯絡客戶，但沒有提供過往聯絡紀錄；
- 你要他設計行銷素材，卻沒有給品牌規範與素材庫。

這些都不是能力的問題，而是環境沒配好。你可以期待下屬自我成長，但不能忽略完成任務需要條件。

任務交辦的「資源配套清單」

每當你交辦一項任務，可以自問：我有沒有提供以下五種資源？

- 資訊資源：背景資料、歷史紀錄、操作流程、參考範例。
- 時間資源：是否留有合理時程？是否避免與其他任務撞期？
- 工具資源：軟體帳號、設備支援、模板或平臺登入權限。
- 人力資源：是否有需要協同的夥伴？可否安排助理協助蒐集資料？
- 決策資源：是否明確授權他做哪些決定、哪些要回報？

這張表越齊備，任務越容易被順利推動，也越能顯示你是一位有整合力的主管。

支援≠干預：給資源不是介入執行

很多主管會誤會支援就是「我幫你做掉一半」，結果變成自己又回到火線、忙得半死。其實，真正有效的支援，是「幫下屬掃除障礙」，而不是「代替他走每一步」。

以下是幾個好的支援行動：

- 幫忙打開跨部門窗口
- 替他去爭取資源或調整時程
- 指引他參考類似案例，幫他理解成功模式
- 安排定期回顧會議，協助聚焦與排解困難

你不一定要變成超人，但你要讓下屬知道：「主管不是把事丟給我就走人，而是站在我身後支援。」

案例對比：有資源與沒資源的任務結果

【情境】你要一位新進員工規劃內部教育訓練活動

(1) 沒資源的狀況

員工不知道預算範圍、不清楚過去活動經驗、不了解可動用的內部講師名單，結果活動設計空泛、流程錯誤，最後被打回重做。

(2) 有資源的狀況

主管提供去年活動資料包、介紹內部專業講師、安排會議室使用規則與預算上限，同時每週開一次 review meeting 追蹤進度。結果活動順利完成，參與度高。

任務結果差異，有時不是人有多強，而是資源差多少。

交辦任務不是考驗，而是設計合作條件

主管交辦工作，不是出一份考卷，而是規劃一場合作。當你把任務與資源一起交出去，你才真正是在「授權」而不是「卸責」。

別只問：「他怎麼做不好？」

請先問：「我給他的資源夠嗎？」

第四節
不要等下屬來求你才幫忙

一個成熟的主管，不是等下屬來喊救命才伸出援手，而是能在事情還沒失控之前，就預判問題、主動支援。可惜的是，許多主管認為：「他沒講，我就不處理；他沒開口，代表他還可以撐。」但這種消極的管理方式，不但會讓團隊逐漸失去信任，也會讓問題不斷累積到最後變成爆炸。

真正有效的領導，是主動發現而不是被動處理。

為什麼下屬不說出問題？

不要以為下屬不講話就等於沒事，很多人選擇沉默只是因為：

- 怕被貼標籤：「是不是我太弱？是不是我不夠努力？」
- 覺得說了也沒用：以前說過但主管沒反應，久了就不想再提。

- 不知道問題能不能講：有些主管一臉忙碌，讓人不敢打擾。

當這樣的氛圍形成，下屬只會愈來愈悶，錯誤只會愈來愈大，到最後不是整個崩盤，就是人直接離職。

主動協助，不等於包辦代做

有些主管聽到「要主動幫忙」，會很擔心自己又變回打雜的、什麼事都要自己來。其實不是的。主動協助，指的是：你有意識地觀察、提前給出幫助條件，而不是把任務搶過來自己做。

舉例來說：

你看到某個同仁這週排了三個報告還要參加兩場會議，可以主動說：「如果有需要我可以幫你擋掉其中一場，讓你有時間專心準備。」

某位新進同仁負責一項對外窗口任務，你可以主動問：「有沒有需要我先幫你跟對方打聲招呼或協調溝通方式？」

這些不是介入，而是提供支援選項，讓下屬知道「主管有注意到我的處境」，信任感就會快速提升。

如何觀察誰需要幫助？

不是每一個下屬都會開口說：「我快撐不住了。」所以主管要練成一種能力，叫做「行為性觀察」：從對方的行為、表現與互動模式中，察覺出隱藏的困難。

以下是幾個觀察指標：

- 任務交付延遲或品質下降，但對方態度仍然積極→可能是卡在能力或資源
- 參與會議變少發言，表情緊繃→可能壓力過大或士氣低落
- 開始頻繁問你一些平常都不問的小事→可能沒安全感，尋求確認

觀察的重點不是猜疑，而是讓你有機會開啟「非正式對話」。只要一句話：「最近這件事看你處理得很辛苦，需要我協助什麼嗎？」就能打開對話空間。

主動支援的五個方法

①每週一次一對一談話：不只是回報，而是了解他近況與壓力來源。

②定期詢問「有沒有哪裡卡住」：營造可以求援的文化。

③建立「彈性資源庫」：如可支援的工讀生、臨時小組協助機制。

④替他們「說出口」一些難以開口的話：幫忙與其他單位協調時程或期待。

⑤表達理解，而非檢討：下屬願意講實話，來自你給的安全感。

案例：兩種主管的差別

同樣是面對團隊工作過重，主管 A 說：「有事自己說，我這麼忙沒空一一照顧。」結果只有個性外向的員工求助，其餘人悶不吭聲，最終有人爆發或直接離職。

主管 B 則是每週固定觀察、主動詢問：「最近這幾件事會不會太擠？有沒有要我協助協調時程？」結果大家敢提困難，也更願意配合他交辦的新任務，整體氣氛穩定。

差別就在：你是等人求援，還是主動伸手。

有感的領導，是你主動的一小步

不要等到問題出現才想補救，也不要等到下屬開不了口才說「你早點講啊」。真正有溫度的主管，是那個在風暴來臨之前，就已經在旁邊幫忙修補帆布的人。

你不用變成萬能，但你可以成為一個「願意看、願意問、願意幫一點」的主管。這樣的你，團隊不但不會辭退，還會緊緊跟隨。

第五節
任務太多該怎麼排先後？

「主管，我現在手上三件事都急，要先做哪一個？」這樣的問題，是新手主管每天都會遇到的真實考題。許多人一聽見這句話，就下意識地回：「都要做啊！這三個都很重要。」結果是——什麼都沒先完成，所有進度都卡。

排優先順序，不只是選擇工作順序，而是表達你對團隊資源與時間分配的判斷能力。這一節要帶你學會三件事：什麼叫真正的「優先順序」、怎麼判斷事情的「急與重」、以及怎麼幫團隊建立「共識排序」的機制。

所有事情都重要？那就是沒有重點

主管最常犯的錯，就是把每件事都說得很重要。久而久之，團隊會陷入「疲勞優先」的混亂，也就是——做那個喊最大聲、或是最後提醒你的事情，完全不顧真正的策略排序。

你必須承認一件事：在有限人力與時間之下，「有所不為」才能「有所作為」。不敢取捨的主管，最後會讓所有人都陷在焦慮裡。

急與重要怎麼分？用四象限來分類

美國前總統艾森豪曾提出一個「急迫／重要」四象限（後來被史蒂芬·柯維發展為《與成功有約：高效能人士的七個習慣》）：

- 重要且急迫→馬上做：如系統出包、客戶投訴、今日截止的文件
- 重要但不急→安排做：如策略規劃、制度改善、人才培育
- 急但不重要→可委派：如臨時會議記錄、格式修改等
- 不急不重要→延後或刪除：如例行填表、瑣碎流程修補

這個工具的價值，不只是幫你分類，而是讓你思考資源如何分配：

你是否一直忙在第一象限，卻從不處理第二象限？

你是否自己卡在第三象限，反而沒空處理真正該由你思考的事？

每週抽空用這個方式 review 任務清單，不只是替自己解壓，更能幫助團隊清楚知道：「什麼現在做，什麼可以等。」

如何在團隊中建立任務優先共識？

主管腦中有排序，但下屬不一定知道。你需要把排序的邏輯講出來，否則下屬會自己憑感覺選。

以下是一些有效做法：

- 每週初開一個「任務對焦會議」，釐清本週最優先的三件事；
- 為每項任務標示「優先等級」，並解釋原因（如客戶交期、跨部門配合時點）；
- 使用簡單看板工具（如 Trello、Notion、白板磁片）做視覺化管理。

重點不是系統多複雜，而是團隊有沒有共識排序，而非各做各的。

面對主管上層「全部都要」，該怎麼辦？

有時候，不是你不想排，而是你的主管也說：「這三件都一樣重要，不能延。」這時你需要鍛鍊一種「對上提問」的勇氣與技術。

試著這樣問：

- 「如果我們現在只能完成兩件，您會建議哪一件先放掉？」
- 「這三件都有時限，但我們人力只夠負荷兩件，建議是否可將第三件時程延後？」
- 「我們會全部推進，但先完成 A 與 B，C 預計明天完成，可以嗎？」

這不是推責，而是協助上級做出選擇與承擔決策後果。能這樣對上溝通的人，才是可靠的中階管理者。

任務排序不是一次決定，而是動態調整

別以為排好一次順序就萬事 OK，實際上你會不斷遇到臨時任務插隊、突發事件打亂進度。這時候重點不是「堅持

原排程」，而是能夠靈活更新排序，並清楚讓團隊知道改變的原因與應對方式。

你可以這樣說：「原本 A 是今天要完成的，但因為剛接到 B 客戶的臨時提案邀請，我們將先處理 B，A 延後到明早，這樣調整大家 OK 嗎？」

你不是命令改變，而是用溝通創造彈性。

你不是自己做最快，而是讓團隊知道什麼該先、什麼可以後。會排先後順序的人，才是真正的領導者，因為他不只是自己會做，而是能讓整體資源發揮最大效益。

第六節
說清楚任務標準，少吵架

「主管，我以為你說的『簡單介紹』是做三頁就好啊。」「我以為你要的是格式統一，結果你說內容不夠深入？」這類對話，是許多團隊中衝突的起點。明明都有交代，為什麼還是一直出錯、吵架、打回重做？答案往往在這一句話：任務標準沒有講清楚。

主管的職責，不只是分派工作，更是設定標準。這一節要教你如何說清楚標準、怎麼讓標準視覺化，以及如何避免「我以為你是那個意思」的誤會。

沒有明講，就沒有標準

你以為下屬應該知道什麼是「做得好」，但其實每個人的內建標準不同。對你來說的「簡報要專業」，對他來說可能只是字體整齊；你要的「資料要完整」，他可能只找到一個參考來源。

當你沒明講，責任就會變成「你怎麼會沒想到」，而這句話從主管口中說出，就是讓人崩潰的起點。

任務標準要清楚三件事：內容、形式、時間

(1) 內容標準

你要的是什麼資訊？涵蓋什麼重點？舉例：「我要這份報告包含三件事：使用者痛點、競品分析、我們的差異優勢。」

(2) 形式標準

格式長怎樣？有沒有模板？比方說：「一頁一主題、搭配兩張圖表，字體不小於 12 號字。」

(3) 時間標準

何時要初稿？何時要交成品？有沒有 review 時間？清楚說：「週三下午五點交第一版，我週四早上回饋，週五發送給客戶。」

這三件事說越清楚，越能減少認知差距。

用「標準化工具」讓團隊有共識

有些任務是常態性的、重複出現的，那就更該「標準化」。這不是僵化，而是建立大家的共同語言。

舉例：

- 每次客戶提案簡報，都有固定頁數範圍、順序結構（如痛點、解方、價格、案例）；
- 每次內部報告，都用固定模板、標示進度條與行動建議欄位；
- 使用任務checklist：如上傳影片需勾選「標題填寫」、「字幕確認」、「預覽播放」等步驟。

這些工具，不是為了限制創意，而是幫助效率與一致性。

不確定對方懂不懂？用回饋確認法

主管常犯的錯是：「我講了，他點頭了，所以他懂了。」但點頭不等於理解，理解不等於認同，認同也不等於做得出來。

因此，你可以在交代完後這樣說：「你幫我說一次你理解的任務內容是什麼？我們確認一下有沒有落差。」

這不是考試，而是對話。你會因此發現：很多你以為講得很清楚的，其實在他心中是另一回事。

預期標準≠檢討標準

許多主管會等到任務出錯才說：「你怎麼會這樣做？這不是我要的啊。」但這樣的話，對下屬來說已經太晚了。因為你現在說的，是檢討標準，而他當時缺乏的是預期標準。

請記住：標準是事前說清楚，而不是事後責備。

案例：清楚標準，節省 80%回修時間

有位主管負責帶一個內容行銷團隊，過去每次文章產出都要修改三次以上。他後來做了一件事：把「好文章」的標準具體寫成 checklist，包括：

- 是否有具體開場故事？
- 是否每段話只講一件事？

◆ 是否每篇文有小標題引導？

結果交稿品質顯著提升，回修時間從原本一週三天縮短為一天內完成。這不是因為大家變聰明，而是標準變清楚了。

主管不是靠「你應該知道」來帶人，而是靠「我讓你清楚知道」來建立信任與效率。你說得越清楚，下屬越能準確出擊，也越願意承擔責任。

第七節　給空間不是放生

有些主管為了展現信任，對下屬完全不干涉；也有主管怕麻煩，只把任務丟出去，之後就消失。這兩種情況看似「給空間」，實際上都是放生。真正的授權，不是「不管」，而是「給出責任，也給出支持」。

這一節要說明的，就是主管怎麼做到「放手不放任」、「退後但還在場」，讓團隊既有自由度，也有安全感。

給空間，不代表主管就消失

許多主管交代完任務後，就像蒸發一樣。下屬完成初稿、出現問題、想討論細節時找不到人，只能自己摸索或亂猜，結果出錯。主管回頭一看，就氣：「怎麼會這樣做？」

這樣的狀況會讓下屬產生三種心態：

- 做多做錯、做少沒錯→乾脆不主動
- 不知道主管到底要什麼→做起來沒方向
- 覺得自己孤軍奮戰→缺乏安全感

給空間不是「你搞定一切」，而是「我不干涉你的方式，但我會在你需要時提供支援」。

放手有結構：三層監督與支持架構

主管可以依任務的成熟度與員工經驗，設計出有結構的放手方式：

- 初期：緊密跟進→每天快速 check 一次進度，隨時排除卡點
- 中期：週期性回顧→一週一次進度 review，聚焦在策略與重點
- 後期：結果驗收→任務完成前一天 check 成品，確認品質與交付標準

這樣的節奏讓下屬知道：主管沒每天盯，但有固定時點支持我。

給空間的前提，是雙方對「責任範圍」有共識

所謂的「放手」，不是把一整個專案塞給他就拍拍屁股走人，而是：

- 講清楚界線：哪些事情他能決定、哪些要回報、哪些你會支援。
- 設計預警機制：如「進度落後三天就提醒我」、「遇到跨部門卡關立即提出」。
- 確認資源完整：工具、人力、資訊都已提供，他才能自由發揮。

責任的自由來自條件的明確。如果你只說「你自己想辦法」，那就不叫空間，是推卸。

「我想讓他多磨練」≠放生

有些主管會說：「我知道他會卡，但我想讓他自己磨練一下。」這句話如果背後沒有支援，就會變成自我安慰式的推責。

磨練應該有回饋、有陪伴、有觀察。如果你只是讓對方不斷撞牆，而沒人給方向，那不是學習，而是挫敗。

你可以讓對方嘗試，但要適時問：「做到這裡你有什麼卡住嗎？有沒有需要我給些參考或方向？」這不是干涉，而是做一個不缺席的領導者。

案例：給空間的主管，反而更被信任

有位設計部主管帶領一位新進美編進行品牌改版。他沒有每天檢查設計進度，而是設計三階段檢視機制（概念確認／初稿修改／完稿驗收），並提供設計資源包與歷年資料。

結果該員工不但按期完成，還主動提出創意建議。當主管表達肯定後，該員工更願意主動接下下階段提案。

這不是放生，而是有支架的成長空間。

你在場，卻不壓迫，才是最高明的授權

主管的價值，不是「全做」、也不是「全放」，而是「讓對方能做出成果，又能在需要時及時支援」。

記住：「空間」不等於「放手不管」，而是「提供自主的舞臺，也設好邊界與後援」。

第八節
做得好怎麼讚、做不好怎麼說

「這次做得不錯，繼續保持。」「你這是怎麼做的？我不是這樣說的！」這些主管日常的反應，看似無害，卻決定了團隊的士氣與信任感。主管的回饋，不只是態度表現，更是影響行為的槓桿。這一節，我們談談：要怎麼「讚得有力」、怎麼「說得得體」，讓團隊願意持續進步，不怕出錯，也敢承擔責任。

表揚不是一句話，而是一種訊號

當下屬做得好，主管一句「不錯喔」，表面上是鼓勵，實際上若太模糊，效果有限。下屬可能心想：「到底哪裡做得好？下次要怎麼複製？我是不是剛好運氣好？」

有效的讚美，必須具備三要素：

- 具體明確：講出他「做了什麼」而非只說「很好」。

- 關聯價值：連結到團隊目標或文化價值，例如「這次你把使用者痛點整理得很清楚，幫大家省了很多分析時間，這種精準是我們團隊最需要的」。
- 即時給予：不要等到績效考核才提及，當下表達更有感。

研究顯示，正向回饋越接近行為發生時間，對行為的強化效果越強。也就是說，當你越即時地回應某個行為，它越有機會成為習慣，甚至成為團隊文化的一部分。

批評不是打擊，而是讓人看見可以怎麼更好

反過來，當下屬做得不好時，主管最忌諱的是情緒化與含糊不清的批評。

例如：「你怎麼這麼不用心？」、「這東西怎麼能交出去？」這些話會讓下屬只想自保，而不是改善。

有效的批評，要做到：

- 聚焦行為，不攻擊人格：「這次簡報中少了數據支持，讓人較難信服」，而不是「你這人就是太馬虎」。

- 指出影響，協助找方向：「這樣容易讓客戶覺得我們沒準備，你覺得要怎麼補強會更好？」
- 控制情緒，延遲回應也可以：情緒高張時，先冷靜，等自己準備好再對話。

心理學家羅森堡所提倡的「非暴力溝通」指出，當我們能用「觀察－感受－需要 —— 請求」的模式表達批評，對方更容易接受，也更願意配合改變。

常見迷思：表揚只給大成果、批評集中在小細節

有些主管平常不太表揚，只有在案子爆紅、業績破表時才說一句；但對於錯字、格式、順序，卻天天盯。久而久之，團隊只感受到壓力，而無法累積成就感。

記住：

- 小事也可以讚美，讓好行為被看見
- 批評可以帶方向，而非只挑毛病

甚至，你可以把批評轉化成「引導式提問」，例如：「這

段你自己看有沒有哪裡可以更順？」這樣讓下屬自己思考改進，反而更能內化。

如何養成團隊「敢聽敢說」的文化？

除了主管給回饋，更關鍵的是：你的回饋方式，會不會讓下屬以後還敢講？你可以：

- 建立例行的「回顧時刻」：任務結束後的「哪裡做得好／哪裡可以優化」會議。
- 練習問：「這件事你希望我怎麼給回饋？直接講？還是寫給你？」
- 對錯誤的態度用「一起處理」代替「我來處理你」。

團隊不怕批評，怕的是被羞辱或否定；不怕反省，怕的是被當成問題本身。

案例：回饋方式改變，整個團隊風氣跟著變

某科技公司的產品經理，過去總是直接在群組糾正錯誤，導致大家害怕回報、凡事推給別人。後來他開始練習在

一對一時表達意見，並強調：「我不是在抓錯，而是想讓我們整體更好。」同時，他也開始在週會時讚美「好例子」，例如「上週 Emily 提前兩天完成 A 案，讓設計部有更充裕的時間排程」。

幾個月後，團隊出錯率降低、回報速度加快，整體氛圍大為改善。

頻率與品質：怎麼維持良性循環？

你不需要每一次都表現得像演講一樣完整才叫有效回饋。事實上，回饋的關鍵不在於形式，而是累積頻率與一致性。試著培養以下習慣：

- 每天至少給出一則具體的正向回饋；
- 每週至少有一次關於「做得不夠好」但「值得再嘗試」的提醒；
- 每月一次與團隊共同反省整體流程與學習經驗。

這些習慣不會讓你失去威嚴，反而會讓團隊覺得你是一位真正「在意成長」的主管。

回饋，是主管最有力也最常用的領導工具

別再忽略每次發言的力量。你說一句「這樣不行」，可能讓人懷疑自己一整天；你說一句「你這點做得很棒」，可能讓人加速成長一整年。

做得好怎麼讚、做不好怎麼說，從來都不是技巧問題，而是你願不願意用心對待每一次互動。當你練習一次又一次清楚、有邏輯、有溫度的回饋，你不只是讓任務完成得更好，更在打造一個願意溝通、勇於改進的團隊文化。

第三章
帶隊不是靠努力，是靠有系統的管理

第一節　制度不是用來卡人，是用來讓人放心

許多主管在帶人時對「制度」有一種抗拒感，覺得制度就是僵化、繁文縟節、拖慢效率。也有的主管以為制度是用來「控管」人的工具，只要出錯就搬制度來壓人。這樣的理解，其實都忽略了制度的真正意義：制度是為了解決模糊、消除不安、讓大家能有憑有據地合作。

制度真正的功能，不是限制，而是創造預測性與安全感。當每個人都知道自己該做什麼、遇到問題怎麼處理、權責邊界在哪裡，反而能放手去做。制度好的團隊，不會讓人覺得卡，而是讓人更敢衝。

沒制度最亂，靠人情最累

有些主管信奉彈性至上：「不用流程啦，大家都聰明，講一下就懂。」但這種方式，最常出現兩個問題：

- 標準不一，容易爭執：今天這樣可以，明天又不行；換個人又換一套說法，造成混亂。
- 靠主管拍板，大家不敢主動：下屬什麼都得問，主管永遠疲於回應，還被說反覆無常。

反而有明確制度時，員工知道「這件事按照這流程做就對了」、「這種情況可以自己決定到哪裡」，效率不降反升。就像開車有紅綠燈，大家雖然受限，但交通反而順。

好制度有這三個特徵：清楚、合理、可落地

- 清楚：每個人都能理解，文件不是看不懂的法律條文。
- 合理：制定的標準有根據，不是憑空要求或特定針對。
- 可落地：不會增加太多無謂行政負擔，符合工作實際。

比方說：考勤制度若強調「遲到一次就扣薪」，但上下班時間本來就有彈性安排，這樣的制度就缺乏合理性；或是提報流程規定太繁瑣，光填單就要一天，也會讓人無力遵守。

制度不能只是紙上理想，而要經得起真實現場的考驗。

制度的設計，必須是「防錯」而非「找錯」

不好的制度，是出了錯才被拿出來懲罰人，讓人害怕制度、閃避制度。好的制度，則是預先設計流程、設置提醒、設定權限與檢查點，讓錯誤不要發生。

例如：

- 遇到跨部門合作時，有標準開會流程與負責窗口，避免訊息落差；
- 每月報表前有提醒系統與交叉檢查機制，減少出錯風險；
- 專案進度週報規定格式與頻率，讓所有人都掌握同一節奏。

這些都是讓人工作「更安心」的制度，而不是為了找人麻煩。

下屬其實喜歡「有依據」的主管

許多主管擔心制度會讓下屬覺得你無情，但其實，模糊不清才會讓人不安。

試著比較這兩種說法：

- 「這次我覺得你這樣做不太對」→模糊、個人意見強烈
- 「根據我們流程，這種資料要雙重確認才能發出」→有依據、可學習

你要讓下屬知道，你不是在針對人，而是在一起遵守一個共同的規則。制度會讓主管更客觀，也讓下屬更安心。

案例：制度讓團隊加速，而不是停擺

臺灣某軟體新創公司在初期規模小時，完全無制度，所有事情靠老闆拍板，結果員工常常不知道誰負責、何時截止、結果標準是什麼。團隊氣氛混亂，進度不穩。

後來，主管導入簡單但清楚的「專案啟動說明會」制度，每個案子都要列出：任務目標、負責人、里程碑、評估標準，並於每週一固定追蹤一次。

結果幾個月後，團隊不但進度更穩定，員工也更願意主動提建議，因為知道自己是在哪一個框架內發揮，而不是怕說錯話被罵。

一個好的制度，會讓大家知道該怎麼做、不該做什麼、

做錯時怎麼補救、做對時怎麼被看見。這樣的團隊，自然運作得快、穩、敢挑戰。

主管別怕談制度，怕的是你讓制度變成威脅而不是幫助。

第二節　規則該怎麼訂，才能讓人願意遵守？

許多主管在設計團隊規則時，常常遇到一個問題：「我訂了啊，為什麼大家還是不照做？」明明有制度、有流程、有 SOP，但現場卻依然充滿抱怨與應付。問題不在規則本身，而在於規則的訂法，沒有讓人感到合理與參與。

這一節，我們談的是：怎麼讓規則不只是「紙上的命令」，而是團隊願意遵守、甚至自願維護的「共識契約」。

為什麼好好的規則，大家不遵守？

規則會失效，大多來自這幾個原因：

- 不清楚：文字模糊，大家各自解讀。
- 太理想：完全不符合現實場景。
- 太繁瑣：步驟過多、時間過長，導致懶得執行。
- 上面訂、下面沒參與：感覺被強迫，自然產生排斥。

◆ 訂了沒人遵守，也沒人處理：久而久之，大家知道規則只是「建議」。

規則不是只要寫好、貼上牆就有效，它必須被理解、被認同、被實踐，才算成立。

有效的規則，要具備「參與感、可執行、可修正」

(1)有參與感：不是你訂好才通知，而是一起討論才成形

很多時候，規則不是「內容不合理」，而是「訂定過程讓人沒感覺」。

與其主管自己寫好公告，不如先開一場討論：「針對未來簡報品質，我們是不是該有個共通標準？有哪些是你們平常覺得需要改進的？」讓大家參與制定過程，不只能提出實用細節，更能建立認同。

(2)可執行：不能只是理想，而是現場真的做得到

像是「每封對外信件都要五人共同校對」，聽起來品質高，但實務上根本不可能天天這樣做。比起訂出「不會被遵守的高標」，不如訂一個「做得到的基準」，再視情況彈性應用。

(3) 可修正：規則不是死的，而是會根據實務進化

訂出來後，要定期 review：這個規則有沒有效？有沒有造成拖延或反效果？員工願不願意用？主管願不願意執行？定期的使用者回饋機制，比一次性公文更能讓制度常態化。

訂規則的黃金步驟：四步驟讓制度有共識又有效

- 辨識問題：聚焦目前痛點，不是為訂而訂（例如「我們簡報版本不統一、常搞錯格式」）。
- 共創標準：邀請使用者參與設計流程與標準草案。
- 測試運行：試跑一兩週觀察執行效果與阻力。
- 正式公告：明確責任人、使用時機、追蹤機制與修改期程。

這四步驟讓「制度」變成「協作工具」，而不是一份「你訂、我執行」的命令單。

案例分享：從「被動遵守」到「主動維護」

某行銷部門原本在執行每月提案簡報時，常因簡報格式不一、圖表類型混亂而被高層打回重做。主管本想直接下達命令：「全部照這份範本做！」但改採開放方式，讓團隊每人提出一項痛點與建議，最後共同設計一份標準化範本。

結果：使用率提升九成，且未來即使新進員工加入，也會自動傳承「這是我們一起訂的規則」，內部教學與文化也因此更穩固。

規則的存在，是為了讓合作順利，不是讓管理變重

規則訂得好，是讓人有依據、有秩序、有空間發揮的工具。訂得不好，就會變成彼此推託與逃避的藉口。

身為主管，你的任務不是「訂最多規則」，而是「訂團隊需要、做得到、能接受」的規則，讓制度成為大家的助力，而非壓力。

第三節
流程多一點，事情才會少一點

「流程太多了啦，我們就一個小團隊，能快就快。」這是很多主管的想法。但弔詭的是，流程愈少的地方，事情常常愈亂。不是重工就是誤會，不是資訊漏接就是誰都說「我以為他會處理」。反而那些流程設得清楚的團隊，看起來動作比較慢，實際效率卻很高。

這一節，我們要談的不是官僚式的繁瑣流程，而是如何設計簡潔、清晰、降低失誤的流程，讓每件事都能「一次到位」。

流程不是為了控管人，而是避免不必要的猜測與重工

很多主管以為流程是為了抓錯、管控、要大家照規矩來。其實流程的本質是讓大家知道：

- 下一步是什麼？

- 該誰接手？
- 有哪些風險點要注意？

當這些資訊不清楚，團隊就會陷入猜測、等待、補救與責難。流程就是一套「合作的預設劇本」，讓每個人不用反覆問主管、自己決定、又怕錯。

無流程的代價：失誤、時間浪費、責任不清

試想以下場景：

- 案件交出去才發現資料版本不對，因為沒人負責最終檢查；
- 活動當天場布延誤，因為「以為」對方會準備投影機；
- 企劃提案簡報中缺資料，因為行銷部與業務部沒有交接流程。

這些問題都不是能力不好，而是流程設計不良。每一次重工，都在浪費時間，也在消耗信任。

三種常見且有效的簡化流程

(1) 任務進行流程（流程圖）

讓專案中每一個階段該做什麼一目了然。例如：企劃發起→蒐集資料→初稿產出→主管初審→校稿→客戶發送。

(2) 角色交接流程（R&R 明確化）

誰負責哪一段？誰有決策權？誰是通知人？誰是支援者？這些一開始就要定義清楚，避免「誰都知道，但誰都沒做」。

(3) 例外應變流程（事發時怎麼處理）

如檔案遺失、時間延後、內容錯誤等應變 SOP，讓問題出現時，不是每次都重演一場「誰的錯？」

流程設計的原則：簡潔、視覺化、易於回顧

流程不是越詳細越好，而是「該有的有、該省的省」：

- 簡潔：三到五步為主，太複雜容易被跳過。
- 視覺化：流程圖、表格、卡片比文字說明更容易記憶與操作。

- 易於回顧與優化：用完之後問問團隊：「哪裡有卡住？下次要改什麼？」

流程是一種活的工具，要根據實務不斷優化。

案例分享：流程讓團隊從混亂走向穩定

某家設計公司，原本沒有明確的交件流程，設計師做完後直接交給業務，有時沒備份、有時排版錯、有時資料命名亂。客戶抱怨連連，內部也疲於應付。

後來主管與設計部門共同制定「三階段交件流程」：

- 初稿產出需經 peer review
- 完稿須統一命名規範與備份
- 最終版本由業務主管審核後才出件

執行一個月後，錯誤率降低七成，設計師也不再為回件疲於奔命，因為大家清楚知道自己該做什麼、該交給誰、該留什麼紀錄。

流程是合作的語言，不是束縛的鎖鏈

主管不是要讓團隊「越自由越好」，而是讓每個人「在有邊界中安心自由」。流程就是這個邊界。

流程多一點，看起來慢一點，但其實你節省的是無數次的補救、溝通與信任破壞。

第四節
主管到底該管到什麼程度？

「你『太放手』了啦，他們都不知道你在不在意。」「你這樣什麼都管，會讓人喘不過氣。」幾乎每一位新任主管，都會被夾在「要管」與「不要太管」之間，進退兩難。放太鬆，事情出問題要你負責；抓太緊，員工覺得被壓迫，不想主動。

那麼，主管究竟該管到什麼程度？這一節要帶你建立一個核心觀念：管的不是人，而是關鍵點；放的不是責任，而是實踐方式。

不該問「要不要管」，而是「該管什麼、怎麼管」

很多主管的掙扎在於：「我怕變控制狂，但又怕出錯被怪罪。」這其實是一種角色模糊。真正的問題不是「有沒有管」，而是你到底管的是什麼？用什麼方式在管？

一個有效的主管，不會盯死每一個細節，而是：

- 釐清方向與目標是否明確
- 建立追蹤與回報機制
- 保留下屬自主完成的空間
- 在出現風險時適時介入處理

這就像導航一樣，不是開車的人，但你會告訴方向、預警轉彎，並在必要時重新校正路線。

管太多會怎樣？管太少又怎樣？

過度干預的主管會出現這些情況：

- 下屬只做指令，不敢創新
- 團隊依賴性強，主管一離開就停擺
- 主管自己爆肝，忙到無法思考策略

過度放任的主管則會出現這些問題：

- 每人方向不同，成品風格各異
- 發現問題時已經太晚，無法及時修正
- 團隊失去邊界感與安全感，開始相互推責

這兩種都不是「好的授權」，而是「錯位的角色擔當」。

管的剛剛好：三層監督架構

為了避免走極端，主管可以建立一個「三層監督架構」，根據任務性質與人員經驗，進行不同強度的掌握：

第一層：方向明確＋過程跟進

適用於複雜專案或新人任務。主管設定明確目標、預期成果、里程碑，並安排中間過程的 review 點。

第二層：結果掌握＋過程觀察

適用於有經驗的夥伴。主管不介入細節，但明確要求成果檢核的品質、交付時間與報告方式。

第三層：授權成果＋責任協議

適用於資深、熟悉流程的人員。主管只設定起點與終點，過程全由下屬自主管理，必要時提供支援。

這三層不是永久不變，而是可依任務與人員狀況動態調整。

有效管理的四個面向

為了「剛剛好地管」，你可以用這四個面向來衡量自己有沒有做到平衡：

(1) 目標清楚嗎？

下屬是否知道這件事為何重要、成品長怎樣？

(2) 節奏掌握嗎？

主管有沒有設立檢查點或進度會議？還是只管起點與終點？

(3) 過程信任嗎？

下屬是否能自行決定細節與執行方法？

(4) 風險預警嗎？

任務是否有設置「出錯點」與「即時通報條件」？

這四項做好了，下屬會覺得「被信任」、主管也不會覺得「不放心」。

案例比較：兩種不同的管理模式

A 主管做法（過度介入）

每週會議逐條檢查工作日誌，每份文件都要經過他核可才能外發。團隊習慣等他拍板，遇到他請假，所有進度停滯。

B 主管做法（過度放任）

從不召開進度會議，只說「自己看著辦」，結果簡報錯誤、專案延誤，最後他也不知道誰負責哪個部份。

C 主管做法（平衡管理）

每項專案啟動時清楚說明目標、時程與評估方式，每週簡短 15 分鐘檢查會，過程中若發現落差，會一對一討論並協助資源協調。結果團隊主動性高、錯誤率低。

「少管一點」不代表「不要管」

想當一個不讓人壓力大的主管，不是「假裝很 free」，而是把握兩個重點：

- 讓人有彈性處理方式，但不能有模糊結果預期；

◆ 過程不必干預太多，但關鍵時刻一定要在場。

這樣的管理方式，才能真正讓人覺得你「既信任，又可靠」。

把管控變成支持，把干預變成設計

「管到什麼程度」這件事，沒有標準答案，但有一個原則：「幫助任務完成得更好，而不是讓你自己更安心。」

當你能夠將掌控欲轉化為清楚目標與支持系統，把「盯」變成「觀察與提問」，那你就真正進入了現代主管該有的角色狀態。

第五節
目標不清楚，做事都白做

「我以為是這樣啊，原來你想要那樣？」「你不是說要快做完？我就照感覺做了。」這些話，是很多主管與下屬之間最常出現的誤會。明明事情有做，最後卻被打回重做；明明大家很努力，但結果卻沒達標。原因往往只有一個：目標不清楚。

這一節，我們要談的是：如何讓任務有明確的目標，怎麼設計出清楚、可執行的目標，讓團隊在執行時少猜、多對齊，做到的事真正有意義、有成效。

「你知道要做什麼」≠「你知道為什麼這麼做」

很多主管交代任務時只講「你幫我完成這個」、「這週記得交報告」、「幫我處理一下」。這樣的交辦方式，可能讓事情「有人動手」，但不代表事情「動得對」。

有效的任務交辦，不只是講出任務名稱，而是講出：

- 這件事為什麼重要？（目標）
- 最後要達到什麼結果？（成果）
- 成果要達到什麼標準？（衡量）

當下屬知道的是「為什麼」和「做到什麼程度才算好」，他才有能力自己調整方法，也更願意投入思考。

怎麼訂出清楚的目標？使用「SMART」原則

國際間常見的目標設計原則是 SMART 五要素：

S：Specific（具體）

不要只說「提升成效」，而是「提升使用者開信率」。

M：Measurable（可衡量）

像是「三週內提升點擊率 10%」而不是「感覺比較好」。

A：Achievable（可達成）

評估資源與時間是否合理，不要訂出做不到的幻想。

R：Relevant（相關性）

這個目標是否連結到團隊核心任務？

T：Time-bound（有時限）

明確的完成時間或里程碑節點。

這樣的目標不只好理解，也能讓團隊成員知道「做到哪裡才算完成」。

目標如果模糊，努力會白費

當主管自己沒有想清楚目標，下屬會花很多時間在錯誤方向上努力。

- 做了十頁的簡報，但主管其實只要一張總表；
- 寫了兩千字的文案，主管說「我只是想一句口號」；
- 做出一堆行銷素材，主管說「重點不是設計，是策略」。

這些都是因為「主管沒把終點講清楚」，結果團隊走了遠路，還被怪。

主管應該做的，是在一開始就讓目標明確，並設立「中途確認點」，例如：「初步架構我們先對一次方向，再開始製作內容。」

案例：目標清楚後，團隊效率翻倍

某行銷公司原本在提案簡報階段常出現「反覆改稿」、「內容無法打中重點」的問題。後來主管改變方式：每次任務啟動都要釐清五件事——

- 這份簡報的對象是誰？
- 這份簡報的主要目的是什麼？
- 最後想讓對方採取什麼行動？
- 有無過往參考或限制條件？
- 成果交付形式與時程？

結果：同樣的人力，在兩週內產出比過去一個月還精準的內容，客戶滿意度大幅提升，也讓團隊士氣明顯提升。

主管的責任：讓大家都「對得起來」

主管的核心工作，不是自己做最多，而是確保整個團隊都「朝同一個目標前進」。而這個「前進方向」的掌舵人就是你。

如果你能清楚設定目標、反覆溝通目的、引導修正策略，就算一開始走錯也能迅速回正。反之，就算大家都很努力，但方向錯了，也是集體白做工。

每一件事的開始，都是從一句話：「我們想達成什麼？」如果主管願意多花五分鐘釐清目標，就能替整個團隊省下五十倍的時間與溝通成本。

第六節
KPI 不是壞東西，是對齊方向

一聽到「KPI」，不少人會皺眉、抱怨、甚至害怕。對很多人來說，KPI（關鍵績效指標）彷彿是壓力、是懲罰、是只看數字不看人的冰冷制度。但事實上，KPI 真正的價值不是考核，而是對齊方向。

這一節，我們要把 KPI 還原為它原本的定位——讓團隊知道努力是否有效、目標是否明確、資源是否配置正確的儀表板。

KPI 不是要你變成機器，而是避免白忙一場

試想一下：你帶團隊在跑，但大家各自朝不同方向衝，有人快、有人慢，有人繞遠路。即使大家都很拼，最後可能還是沒有成果。

KPI 的角色就是這時候跳出來說：「我們是不是往正確方向跑？」

當 KPI 設定清楚，它就像指南針：

- 讓大家知道目標是否在進展
- 讓主管知道資源需不需要調整
- 讓團隊知道自己做的事有沒有產值

沒有 KPI，工作容易淪為「感覺努力就好」；有 KPI，才知道「我們做得對不對」

KPI 怎麼設，才不會讓人壓力爆棚？

很多 KPI 之所以讓人害怕，是因為：

- 完全不合理：用兩人資源要完成十人的成果。
- 毫無彈性：每週都要達標，沒空間調整。
- 純粹懲罰：只看沒達到，就要檢討人。

一個健康的 KPI 設計，應該具備三個原則：

- 與目標對齊：不是為了數字而數字，而是與業務成效或策略目標相關。
- 可預測與可調整：根據週期、資源與市場狀況可以合理設定與調整。

- 過程中有支持機制：不是「看你死活達標」，而是設定中有追蹤、協助與回饋。

舉例：如果行銷團隊的 KPI 是「單月帶入 1,000 個有效潛在客戶」，那主管要負責：

- 給出足夠預算或資源做投放
- 提供過去數據作為參考
- 每週 review 進展，若落後能提前調整策略

這樣的 KPI，才能讓人感覺是「一起完成的挑戰」，而不是「被懲罰的陷阱」。

定量指標＋定性觀察＝全面判斷

KPI 不是萬能，它只負責告訴你「數字有沒有動」。但管理者不能只看數字，還要搭配現場觀察與質性評估。

比方說：

- 銷售達標，但客訴暴增→表示銷售話術可能有問題
- 客戶滿意度提升，但新客戶數下降→可能行銷曝光不足

- 團隊 KPI 達成，但成員明顯過勞→執行方式或分工需檢視

KPI 是鏡子，不是答案。主管需要從數據背後找出行為邏輯，再來調整策略或介入協助。

案例：

KPI 讓團隊由「拚命做」變成「有效做」

某科技新創的產品團隊過去常出現：「我們這個月做了三個新功能」的回報，但用戶回饋卻不買單。後來主管設定 KPI 改為「每月上線功能中，有兩項需達到使用率提升 10%」，並搭配後臺數據追蹤與回饋機制。

結果：

- 團隊不再追求「功能數量」，而是「使用品質」；
- 設計端與工程端更早期就開始合作，提升整體使用者經驗；
- 使用者活躍度穩定提升，也讓團隊的成就感增加。

這就是 KPI「對齊方向」的威力。

KPI 是夥伴，不是敵人

一個好的 KPI 設計，會讓團隊知道自己在做什麼、為什麼做、做到多少才算有價值。

主管不該把 KPI 當作「懲罰工具」，而是領航儀表板，讓大家能有依據地前進、有反省地修正、有信心地投入。

第七節
進度慢怎麼辦？先問三件事

進度落後，是所有主管遲早都會碰到的課題。但進度慢不等於人偷懶，也不一定代表能力不足。最怕的是，主管一看到進度不如預期就直接催、罵、施壓，結果壓力上升、問題沒解、氣氛變差。

當任務卡住，第一步不是催人，而是解題。這一節，我們要教你三個關鍵提問，幫你快速判斷進度落後的真正原因，進而找到有效解方。

問題一：方向對嗎？是不是在做錯的事？

有些進度卡住，根本不是因為做不出來，而是方向有誤。比方說：

- 做了很多素材，結果主管說主軸不對；
- 分析數據花了三天，才發現抓錯資料庫；
- 編輯排版用心設計，卻不是客戶要的格式。

這些都是「努力錯方向」的典型。如果沒有定期確認任務方向與成果預期，就很容易陷入這種情況。

怎麼解？

→回顧最初交辦任務時，目標與成品是否說清楚？是否曾中途檢查方向？如果沒有，立刻安排一次對焦討論，重設路線比硬衝有效。

問題二：卡在哪裡？是技術、資源，還是合作？

進度慢的原因百百種，但大致可分三類：

- 能力與技術問題：不會、不熟、做得慢。
- 資源問題：缺資料、缺人力、等回覆。
- 合作問題：跨部門溝通卡關、角色不清。

主管最常忽略的是第二與第三點，總以為「他應該自己能處理」，結果下屬既無法開口，也無能為力。

怎麼解？

→與下屬一對一對話，針對每一項進度問：「你覺得目前最卡的點是什麼？」然後再問：「這個部分我可以怎麼協助你加快？」

不要等對方開口求救，主管主動詢問是基本責任。

問題三：進度標準定得清楚嗎？時程與驗收方式有共識嗎？

很多任務進度慢，是因為根本沒講好什麼時候要完成什麼樣的成果。大家心裡的預期不同，就很難協調節奏。

例如：

- 你以為週五是「完成初稿」；他以為是「開始草稿」
- 你以為簡報要 10 頁；他以為 3 頁夠用
- 你以為進度週報是重點摘要；他交來的是流水帳紀錄

怎麼解？

→任務啟動時就要把時間節點與交付內容說明清楚，必要時用表格或進度看板視覺化追蹤。對於進度追蹤，也要說清楚頻率與方式：週會、看板、日誌，選一個合適就好。

案例分享：三問解決團隊進度瓶頸

某專案團隊原本每次任務都延遲交付，主管總以為大家效率不佳。後來他改變做法，每週開一次 15 分鐘「卡點會議」，每人只回答三件事：

- 這週的任務方向有不清楚的嗎？
- 有哪裡卡關，需要幫忙？
- 下週交付成果是什麼？時間點？

短短三週後，延誤次數大幅減少，團隊彼此支援也更順暢。

不是因為人變勤勞，而是因為問題被看見、被解決了。

看到進度慢，請先別急著責怪，也別馬上催促。真正好的主管，懂得先問對的問題，幫助下屬找到前進的方法。

與其盯人，不如解題。

第八節
問題卡關時怎麼一起想辦法

任務總有出現卡關的時候，不是卡在不會做，就是卡在無法合作。但最令人挫折的，往往不是問題本身，而是沒有人出聲，沒有人處理，甚至一場會開完，問題還是問題，只多了幾句責備。

一個真正有執行力的主管，不是在問題發生後大聲責怪，而是能引導大家面對問題、拆解問題、共同解決。這一節要談的是：主管如何建立「一起解題」的文化，而不是讓團隊在問題中沉默、內耗、互相推卸責任。

問題卡關時，千萬別只說「那你要趕快想辦法」

很多主管一看到事情卡住，就脫口而出：「這樣不行喔，你要自己想辦法解決。」這句話乍聽是授權，其實是放生。因為在下屬的視角，這句話的意思是：「你自生自滅吧。」

在問題發生的時候，團隊最需要的，是有人願意一起面對，而不是責任丟回來的推託。

真正能一起解決問題的主管，會說：

- 「我們一起來釐清問題在哪裡？」
- 「你卡住的點在哪邊？我幫你看看有沒有協助的方式。」
- 「我不是要你自己解決全部，而是想知道你現在的進度與想法。」

這些提問與對話，是建立團隊信任的關鍵。

一起解題的第一步：把問題「拆小」

當一個問題太大時，最常出現的就是逃避。比方說：「這整個專案我們來不及了！」這句話會讓團隊陷入恐慌，覺得無解。

這時候主管要做的，不是一起慌，而是帶著團隊拆解問題：

- 到底是哪些部分進度落後？
- 哪些部分是還沒開始？

- 哪些可以先做、哪些可以延後？
- 哪些需要跨部門協調？

你要讓問題從一座山，變成一條一條的石階，大家才知道怎麼前進。

建立「說出問題不會被懲罰」的安全感

很多團隊不是不能解問題，而是沒人敢說出問題。

主管只要有一次在會議中對著提出問題的人說：「這不是早就交代過了嗎？你怎麼會不懂？」下次就再也沒人敢講話。

你需要營造的是「說出問題是被鼓勵的」，可以這樣開始：

- 「這階段如果有什麼卡住，請直接講，因為我們要的是完成任務，不是誰犯錯。」
- 「誰發現問題就是幫團隊加分，越早發現越好。」
- 「就算你覺得問題很小，也可以提一下，可能是別人也遇到的。」

這種氣氛久了，團隊自然會開始主動提問與協助，而不是互相隱瞞。

共解問題時，主管的三種角色

- 釐清者：協助團隊把問題釐清成可以討論的語言，而不是模糊的情緒。例如:「不是說『這樣很亂』，而是說『資訊流沒有固定格式』。」
- 協調者：當問題跨部門或超出能力時，幫忙協調資源、申請支援，而不是讓員工孤軍奮戰。
- 記錄者：把討論出來的問題與解法記下來，轉成下次執行的流程改善或預警機制，而不是只有一次性處理。

主管不一定要有答案，但一定要是解法的一部分。

問題導向會議的基本流程

你可以在團隊中建立一種習慣性的問題處理會議，格式簡單，卻非常實用：

- 開場設定:「今天我們要處理的是什麼問題，我們的目標是找到暫時方案或解法建議。」
- 釐清現況:「現在的狀況是？有哪些已知資料？有誰試過什麼方法？」

- 列出障礙：「目前造成阻礙的點有哪幾個？能否排序？」
- 提出選項：「有哪些可能的解法？風險與利弊是什麼？」
- 分工與後續追蹤：「誰來試哪些解法？什麼時候回報？」

你會發現，光是讓問題被理性整理與視覺化，大家的信心與行動力就會大幅上升。

案例：從推責到共解的文化轉變

某電商公司的客服與工程部之間常因訂單錯誤互相指責，久而久之形成「你先錯我才錯」的心態。後來主管導入「錯誤共解會議」，每週一次輪流由不同部門提出一個真實錯誤案例，大家一起討論成因與未來避免方法。

幾個月後：

- 錯誤率下降
- 員工更願意主動通報問題
- 部門間溝通氣氛改善

不是因為人變厲害，而是因為問題不再是「某個人的錯」，而是「一起要處理的事」。

面對問題，團隊需要的是陪伴，不是指責

問題本身不可怕，怕的是沒人願意面對它。身為主管，你不必自己解決所有問題，但你要成為「一起想辦法」的那個人。

當團隊知道「講出問題不會被處罰，反而有人一起想辦法」，他們就會更早說、更快做、更有責任心。

問題卡住時，不要第一時間懷疑人，而是相信方法可以被找出來，只要有人願意陪著一起找。

第四章

會開會也要會談話：主管的溝通基本功

第一節
跟下屬溝通不是講大道理

很多主管誤以為，當上主管就要說話有分量、講話有高度，因此開口就是願景、使命、價值觀。然而對下屬來說，那些「大道理」聽起來很遠、很空、甚至很不知所云。工作現場要的是清楚的訊息、具體的期待、實際的協助，不是充滿抽象語彙的訓話。

真正會溝通的主管，不是講得多高，而是讓人聽得懂、做得到、願意做。這一節要談的，就是主管如何從「說道理」轉為「說重點」，讓每一次溝通都能轉化為行動力，而不是壓力。

為什麼「講道理」會讓人聽不進去？

所謂的「講道理」，通常有幾種特徵：

- 太抽象：例如「我們要有主人翁精神」、「要更有責任感」——但什麼叫主人翁？怎麼才算有責任？

- 太上對下：像在說教，而不是對話，讓人覺得被壓制或被懷疑能力。
- 沒有行動轉譯：講完之後，不知道自己接下來該怎麼做才符合主管的期待。

這樣的話語模式，不但無助於解決問題，還會製造距離與防衛心。

說得讓人聽得懂，要靠「具體、貼近、行動導向」

好的溝通，應該讓下屬知道三件事：

- 我做得不夠好的地方是什麼？（具體指出）
- 為什麼這件事重要？（關聯脈絡）
- 我可以怎麼做會更好？（具體建議）

舉例來說：

- 壞的講法：「你這簡報太沒有邏輯了，這樣不行。」
- 好的講法：「這份簡報每一頁的結論放在後面，我建議把結論往前放，客戶會更快抓到重點。」

後者讓人知道錯在哪裡、為什麼這樣比較好、接下來怎麼改，才會有行動。

拋開說教心態，練習用問題引導對話

與其一次講一堆，不如透過問題引導下屬自己說出狀況，讓他有思考與自我評估的空間。比方說：

- 「你覺得這次任務做得最卡的是哪裡？」
- 「如果重來一次，你會改哪個部分？」
- 「你目前有什麼資訊或資源還不夠？」

當主管用問的方式，而不是講的方式，就會減少壓力與對立，增加合作與參與感。

情緒來了，少講話、多聽話

溝通失敗常發生在主管情緒高漲時。例如看到下屬做得不如預期，就忍不住開罵或長篇大論。但在那個時候，下屬根本聽不進去內容，只記得你的語氣與態度。

這時候最好的做法是：

- 先暫停說話：讓自己降溫，讓對方有空間。
- 轉為傾聽模式：問對方怎麼看待現況，讓他先說。
- 等到平穩後再整理問題點：一對一討論、提供可執行的建議。

這樣的對話節奏，才有可能讓對方接住你的話，而不是被你的情緒擊退。

案例：
從「說教型主管」變成「行動型引導者」

某連鎖餐飲企業的區經理林小姐，過去習慣用「激勵式講話」管理員工，每次會議都說：「你們要當自己是在經營一家店，不是打工心態！」結果員工總是點頭但無行動。

後來她改變方式，會議時這樣開頭：「這週出現最多顧客抱怨的是出餐速度，我們來想想哪幾個流程卡住了？每位夥伴講一項你覺得可以調整的動作。」

結果不但找到真正問題來源，員工也更願意提出實際改善方法。不到兩個月，該門市的顧客回頭率上升 25%。

關鍵不在於少了講道理，而是在於多了參與與具體行動。

主管說話的目的是啟動，而不是指導

你的語言，不是用來展現高度，而是讓任務可以推進。講得讓人懂、說得讓人做，是主管溝通的最基本修練。

與其高高在上地講理念，不如走下來問一句：「你現在最需要我幫你什麼？」那會是你成為有效領導者的開始。

第二節　怎麼讓人敢講真話？

在許多團隊裡，有一種現象比執行問題更可怕，那就是「沒有人敢說真話」。主管以為一切照流程走，底下的人卻知道早就出了問題，只是沒人敢講。會議中氣氛一片和諧，實際上是冷漠無聲。這種情況，會讓團隊變成一座充滿地雷的安靜戰場 —— 看起來穩定，實際上隨時爆炸。

這一節，我們要談的，不是怎麼讓人愛講話，而是怎麼讓人敢講真話。因為「願意講實話」是組織健康的基本指標，而主管的溝通方式，正是影響關鍵。

不敢說，通常不是因為「沒話說」

下屬不說真話的原因，通常不是因為他們覺得沒問題，而是他們心裡在想：

- 「我講了會不會被認為沒能力？」
- 「之前講過也沒改，那幹嘛再講？」
- 「我說出來只是找麻煩，最後還是得我收拾。」

當說了沒有改變，說了被懲罰，說了沒人理，那自然會學會「閉嘴最安全」。所以，主管的任務不是叫人講，而是要讓人相信講了有用、講了沒事、講了是好事。

三個步驟，建立讓人敢講的文化

要建立讓人敢講真話的環境，可以從這三個步驟做起：

- 自己先示範脆弱與誠實：主管可以分享自己曾經的錯誤與困難，讓團隊知道「說出問題不會被看扁」。
- 制度化安全對話空間：建立固定的回饋時間、形式與範圍，例如每月一次「問題回顧會」、「提案時間」，鼓勵員工針對流程與制度提出建議，而不是針對人身攻擊。
- 聽到不如預期的話時，控制反應：當員工說出負面回饋，主管第一時間的語氣、表情與措辭，會決定他下次還會不會再說。

話怎麼開？從這三句開始

很多主管會說：「我想要大家講真話啊，可是他們都不講。」事實上，問題常常不是下屬不說，而是你問得不好。

你可以這樣開始：

- 「這件事你覺得還有哪裡可以更好？」
- 「我們的流程你有覺得哪邊卡卡的嗎？」
- 「如果你是主管，你會怎麼處理這件事？」

這些問題會比「有什麼問題要提嗎？」來得更具體，也更安全。

開會別只聽「安全意見」，你要的是「不一樣的聲音」

一場會議如果永遠只有點頭、附和，那不是共識，而是冷漠。

主管應該要習慣，也要期待聽到「不同意見」。這不代表團隊不團結，而是代表思考多元、策略更穩。

你可以在會議中設計這樣的環節：

- 「現在我們來徵求『反對者的角度』，有誰願意當提出反意見的角色？」
- 「我們來假設這個計畫失敗了，你認為會是什麼原因？」

透過這樣的引導，讓意見不一樣變成一種角色、一種任務，而不是冒犯。

誰敢講，誰就被救

主管要學會「獎勵敢講的人」。不是說要送獎金，而是要在公開場合表達肯定，例如：

- 「謝謝小黃剛剛指出這點，這很重要，我們有時候真的會忽略。」
- 「小安剛剛提醒我們流程可能會出錯，這是很關鍵的發現。」

這種肯定會產生示範效應，讓其他人知道「敢講不會死，還會加分」。

案例：從冷場會議變成熱烈對話

某人資部門的主管，發現每次月會都只有他在講，底下人要嘛點頭、要嘛沉默。他一度懷疑大家是不是都沒意見？後來他換了一個做法——

每次月會開始前，他請每人匿名寫下「上個月最不滿意的公司流程」與「最想改進的一件事」，由助理統整後當作開會第一段討論主題。

結果第一個月，就收到了十幾條真實建議，其中有些是主管完全沒想過的問題，像是表單簽核動線過長、例行報表格式過繁。

他公開回應：「謝謝這些提案，我們會先優先改善前三項，並每次回報進度。」三個月後，不用匿名，大家開始主動提建議，甚至有夥伴願意自告奮勇主持改善小組。

原因無他，就是「有人講了，有人聽了，也真的有改變」。

真話不是風險，是禮物

如果你不讓人講真話，你終將會聽到謊話、空話與場面話。

一個成熟的主管，應該把「不同意見」當成預警系統，把「不滿聲音」當成成長養分。

讓人敢講，不是訓練他們勇敢，而是你要先收起防備，表現出你能承接。真正的溝通，是從信任開始。

第三節　開會不要只是報進度

「大家上週做了什麼來報告一下。」這是許多主管開會的開場白。然而，這種會議形式通常只會帶來一件事：浪費時間。每個人輪流念日誌，主管打瞌睡、同事分心，下屬私下說：「這場會議根本可以用一封 email 解決，幹嘛來？」

會議應該是決策、共識與創新的場所，不是交作業的平臺。如果開會只是為了報進度，那不如直接寫週報。這一節，我們要來談：怎麼開出一場真的「有用」的會議，讓時間有價值、溝通有內容、結果有前進。

為什麼報進度會議會讓人疲乏？

進度報告本身沒錯，但錯在以下幾點：

- 沒重點：每人照稿念，資訊重複、冗長。
- 不互動：沒討論、沒回饋，只是單向陳述。
- 缺乏決策：聽完就解散，沒產出任何行動或共識。
- 會議紀律鬆散：大家邊講邊滑手機，會議成效低落。

這樣的會議不但浪費時間，還會磨耗士氣，讓團隊對「開會」這件事產生排斥與反感。

開會的目的是什麼？三種會議要分清楚

會議依照目的可以分為三種：

- 資訊同步會議：目的是讓所有人知道最新進度與重要變化。
- 問題解決會議：針對目前卡關或策略調整議題進行討論。
- 決策會議：收斂意見並做出具體選擇。

而不是所有會議都需要每個人出席、每個人發言。開會前，主管要先想清楚：

- 這場會的目的是什麼？
- 誰需要參加？
- 會議結束後，要有什麼具體成果？

如果這些問題無法回答，那這場會可能就不需要開。

會議設計的三大原則：清楚、互動、有產出

- 清楚：會前提供議程與會議資料，讓與會者有準備，節省重述時間。
- 互動：設定討論主題與提問環節，讓每個人有參與的空間，而不是「輪流報告就結束」。
- 有產出：每場會議都要有「下一步行動清單」，包含負責人、時程、追蹤方式。

主管要從「主持人」變成「引導者」，讓會議成為推動事情的引擎，而不是資訊的循環。

把「報進度」變成「共識討論」

舉例來說，與其讓每人說「這週做了什麼」，可以這樣設計會議流程：

- 先由每人提交簡報／看板，主管事先閱讀，會議只針對有疑問、延遲或成果特出者提出提問。
- 主題式討論：例如「這週我們的投放成效低於預期，來討論可能原因與修正策略」。

- 回顧與行動列點：每個主題最後都要說明：誰負責、要做什麼、何時交付。

這樣的會議會讓人覺得：「我來這場會，是為了解決問題，而不是交差。」

案例：從無效早會轉型為行動會議

某科技公司的產品開發團隊，原本每天早會 30 分鐘，每人唸工作項目，主管問「還有其他的嗎？」然後結束。結果進度問題一樣存在，溝通反而更混亂。

後來他們改變做法，改為：

- 每人前一天在 Trello 更新卡片，主管會前先看；
- 每日早會改成選擇一至兩個「最需協調」的任務來做討論與資源整合；
- 會後由 Scrum Master 寫會議紀錄與追蹤進度。

結果不到一週，團隊回饋：「現在的早會終於有意義，也能真的幫助我們合作了。」

會議不是唸稿，而是共創

身為主管，你的任務不是收集報告，而是設計讓人能說、能聽、能做的場域。會議的價值，不在於說了什麼，而在於決定了什麼、推動了什麼。

讓每一場會都有目的、有內容、有行動，才是主管真正的溝通能力展現。

第四節

討論有歧見時怎麼收尾？

會議最怕什麼？不是沒人發言，而是當大家終於開始有話說，卻因為意見分歧陷入僵局，最後不了了之。討論很熱烈，決策卻沒下文；每個人都有道理，卻沒人願意讓步。久而久之，團隊成員就會學會：「反正講多也沒用，不如不講。」

這一節，我們要談的是：當現場出現歧見時，主管該如何收斂意見、整合觀點、推動行動？如何既尊重不同聲音，又能有效推進決策，而不是陷入無止境的拉鋸？

歧見不是壞事，是成長的前奏

首先要建立一個基本認知：討論有歧見，是團隊成熟的表現。如果每次都無異議通過，那可能是大家不敢講、不願講，或者根本不在意。真正在意成果的人，才會針對細節提出不同觀點。

所以主管的第一個任務，是接受歧見是自然現象，而不是「你們怎麼又吵起來了？」態度。

不要急著表態，先幫大家「看到差異」

當場出現意見衝突時，主管的第一步不是立刻站邊，而是要做「差異翻譯機」，幫助大家看見觀點背後的出發點。

例如：

- 「我聽到小美是站在客戶體驗的角度，她擔心流程太複雜會讓客戶流失。」
- 「而小張的觀點是成本控制，他認為這樣的方案會拉高預算。」

這樣的做法有三個好處：

- 讓每個人感覺被理解
- 幫助其他成員釐清觀點差異點
- 將情緒性的衝突，轉化為理性問題的探討

聚焦共同目標，轉換討論角度

常見的僵局來自「每個人都想贏」，但主管要做的，是讓大家知道「我們不是彼此對手，而是一起解決任務的夥伴」。

可以這樣引導：

- 「我們是不是都想讓這個專案成功？那我們一起來看，哪個做法能最接近目標。」
- 「先不急著投票，我們來整理一下，各方案對『客戶體驗』、『成本』、『實施可行性』的影響是什麼？」

這種角度轉換，會讓討論焦點從「誰對誰錯」，轉向「哪個方法更合適」的專業對話。

三種收斂技巧，幫助結論產生

(1) 優缺點對照法

針對以上方案，逐項列出優劣，再根據情境選擇最合適者。

(2) 試點實驗法

若雙方各有立場，嘗試小範圍實測，觀察結果再決定擴大實施與否。

(3) 階段折衷法

將雙方建議拆為階段執行，例如前期先做簡版測試，後期再調整升級。

這些方法能夠避免「硬碰硬」的表決式決策，轉而以試驗與合併方式降低風險與抗拒感。

案例：從爭執到合作設計的真實轉折

某設計公司要推出一款新 App，行銷部堅持要加入登入優惠彈窗，強調轉換率；設計部則反對，認為會破壞用戶體驗。兩邊一度爭執激烈，主管若當下硬拍板，勢必會壓抑一方。

最後主管採用「試點實驗法」，讓行銷版與設計版同時在不同區段用戶中上線一週，結果顯示設計版保留率高、但轉換低；行銷版轉換高、但使用時間下降。

團隊最後討論出第三方案：保留彈窗但優化為滑入式推薦卡片，並限時觸發。這樣的方案兼顧雙方觀點，也提升了團隊共同設計的成就感。

不同意見不是終點，是更好的起點

主管的任務，不是壓制衝突，而是引導出共識。當你能讓一場原本對立的討論，轉化為解決問題的合作，你就不只是主持人，而是共創的促進者。

讓歧見變成激盪的能量，而不是決策的障礙，這才是真正的領導力。

第五節
不會講話也能當主管嗎？可以

很多人以為，當主管一定要口才好、反應快、能言善道，才能領導團隊。但實際上，有不少優秀主管反而話不多，說話也不見得精采，卻一樣讓團隊願意跟著他們走、信任他們的判斷、願意向他們報喜報憂。

這一節，我們要破解一個迷思：領導力不等於話術能力。真正的主管價值，不在於會講話，而在於會聽、會連結、會讓人安心與信服。

為什麼我們誤以為主管一定要會說話？

大眾媒體與傳統企業文化長年灌輸我們一種印象：「主管要能站上臺說話、能即席應變、能侃侃而談。」這讓許多內向者或話少的人誤以為：「我話不多，所以不適合當主管。」

但實務上，我們看到許多成功的中階主管甚至高階領導人，都不是語言最犀利的，而是最能讓人感受到穩定與信任的。

語言只是溝通工具之一，穩定的態度、一致的行動、準確的判斷，往往才是更具影響力的領導表現。

話少不代表溝通弱：
五種不擅言辭主管的優勢

①聆聽能力強：安靜的人通常更善於觀察與傾聽，能從對話中捕捉團隊的真實聲音。

②反應謹慎，發言有重點：不愛多話，反而讓每次發言更具分量。

③不容易情緒化發言：冷靜的性格在面對衝突時更容易穩住局面。

④重視行動多於言語：用做的比說的更讓人信服。

⑤善於私下溝通：可能不擅長公開演說，但在一對一溝通中反而更能建立關係。

這些特質在現代職場中，越來越被看重。

話不多的主管，要怎麼表達領導力？

如果你自認不是能言善道的人，以下三個行動可以幫你展現穩定而可信的主管形象：

- 提前準備，寫下重點：面對例行會議、專案溝通或評估面談，你可以預先寫好三個要點，確保不繞圈、不失焦，讓發言更有力。
- 用問題代替宣告：像是「你對這個想法有什麼擔心？」比單方面說明更能啟動對話。
- 表達少、但追蹤勤：不一定要當下給答案，但記得事後跟進：「上次你提到的那件事後來怎麼了？」這比說教更能建立信任。

案例：不擅言辭的技術主管，如何建立威信

小林是一位來自資深工程背景的主管，他升任主管後常為自己「不會講話」感到焦慮，尤其是每週要帶 10 人的開發團隊例會。剛開始，他只唸進度表、少說評論，現場一片安靜。

他改變做法之後：

- 每次例會前，他先在白板上畫出本週開發流程圖；
- 針對兩個關鍵專案，準備兩個引導式提問：「這裡有沒有哪段你覺得執行會卡住？」「有沒有人遇到新的測試風險？」
- 他不急著回應，而是每次都說：「我整理一下，明天下午再來看調整建議。」

半年內，團隊主動回報比例上升三倍，並開始會議前主動準備資料。他的低語調與謹慎語氣，反而成為團隊安全感的來源。

他的經驗證明了：主管不是靠會講話，而是靠能讓人講話。

「說話」是一種訓練，而不是天賦

當然，有效溝通仍是主管不可或缺的能力。但這不代表你要變成健談高手，而是學會幾個基本方法：

- 起手語：「這件事我想聽聽你們的想法，不急著拍板。」
- 結語技巧：「我這邊的觀點是這樣，但我也想知道你們怎麼看？」

- 善用停頓與筆記：說話時可以適當停頓、示意自己在思考，這反而更能取得注意力。

這些技巧不需要你口若懸河，只需要你願意練習、有意識表達即可。

會說話，不等於會帶人；能帶人，不一定多說話

主管的本質不是演說家，而是整合者、判斷者與支持者。話少不是阻礙，反而可能是你的風格優勢。

只要你願意聽、願意回應、願意讓人發揮，就算不擅言詞，你也可以成為被信賴的主管。

第六節
批評人的時候怎麼說不傷人

你是否遇過這樣的情況：只是想指出錯誤、提醒改善，結果對方臉色大變、不再回應，甚至悄悄消失在團隊溝通頻道？對主管來說，「要說實話」與「不讓人受傷」常常是兩難。一方面不想讓氣氛變僵，一方面又擔心不講清楚事情會越來越糟。

這一節，我們要談的是：主管如何給出有效回饋，同時保住關係、不破壞信任？

批評不是攻擊，是協助他成長

首先要釐清一個觀念：主管給回饋，不是為了發洩情緒，而是為了幫助團隊更好。

但多數人一聽到批評，就會產生防衛反應，因為潛意識以為：「你在否定我這個人。」這樣的情緒阻攔，會讓本來該是改善的機會，變成關係裂痕的開始。

因此，真正會給回饋的主管，不是會罵人，而是會用不讓人難堪的方式指出問題，並帶出下一步行動。

批評前先做這三件事

(1)先冷靜三分鐘

生氣的時候不要給回饋，那只是發洩。等到情緒退去，才能專注在「事情本身」而非「情緒投射」。

(2)確認時間與空間

給回饋要挑私密安全的環境，而不是當眾斥責，尤其是敏感內容。

(3)釐清要說的核心問題

別從情緒出發，說「我覺得你很散漫」，而是精準聚焦「你昨天會議資料晚交，讓專案進度卡住」。

怎麼說，才不會讓對方防衛？

一段好的回饋語句，通常具備三個元素：

- 具體描述行為，而非貼標籤人格：不要說「你很沒責任感」，而是說「這週有三件交付你都超過期限」。
- 說明造成的影響：「這會讓下游部門無法如期作業，造成整體延誤。」
- 給出明確改進建議：「未來你遇到延遲，可以提前一天主動回報，讓我們協助調整。」

這樣的回饋，才會讓人知道該調整什麼，而不是陷入自我懷疑或憤怒反擊。

用「三明治法」的同時，要小心兩個地雷

很多人學過「三明治回饋法」——先稱讚、再指出問題、最後再鼓勵。但實務上，如果使用方式不對，會變得很虛偽。

地雷一：誇獎太空泛或與問題無關

例如：「你最近表現得不錯……只是你這次大錯特錯」——這會讓人覺得被敷衍。

正確做法是：「你在會議中總是能針對重點簡報，這點我很欣賞。這次的簡報如果能再加上客戶的實例，效果會更完整。」

地雷二：收尾只鼓勵，不強調行動

例如：「加油，下次應該可以更好。」——聽完還是不知道下次要怎麼改。

要改成：「下次建議你提前一小時排練，或請同事先幫你檢查重點頁面，這會更穩。」

面對敏感人格，主管的說法要更細緻

有些同事比較敏感、易受挫，這時主管要更注意語氣與節奏，可以採取「旁敲側擊法」：

- 先問：「這次專案你自己有沒有哪裡覺得做得不順？」
- 再說：「我觀察到有幾個地方可能可以再強化，想聽聽你怎麼看。」

這種開放式對話，不但減少指責感，還能引導對方自我反思與接納建議。

案例：從受傷到成長的一次回饋經驗

某行銷主管小茵，曾因一句「你這樣交案太隨便了」讓新人小文哭了整整一天，甚至提出調部門申請。後來她學會了調整方式：

在隔天安排私下會談，先說：「我昨天語氣太重了，讓你不舒服我很抱歉。」

接著說：「我們都希望企劃案有更好的呈現。妳的創意很強，但這次資料來源部分太薄弱，我們可以一起找資料來源的方法，我願意幫妳整理資料庫的使用方式。」

從此，小文反而更願意請教主管，也更投入每次專案，甚至一年後成為團隊主力。

批評不是壞事，壞的是「讓人受傷卻不知道怎麼改」。

真正厲害的主管，不是避免批評，而是能讓對方在被提醒中感到被尊重、在被修正中感到被支持。

第七節　面對情緒失控怎麼辦？

職場中，總有那麼幾次會遇到情緒來得又猛又急的時刻。不論是因為專案壓力、跨部門誤會，或是對事不對人的溝通失衡，當情緒一旦上來，場面就可能難以控制。身為主管，若只是要求「大家冷靜」，通常不會奏效，甚至可能火上加油。

這一節，我們要談的是：當團隊成員情緒失控，主管該怎麼處理？該說什麼？又該怎麼避免局面惡化？

情緒不是錯，而是訊號

當人表現出情緒，背後通常代表有需求沒有被看見、有期待落空、或感覺被威脅。

比方說：

- 一位員工拍桌大喊「這根本不公平！」，可能是在爭取自己的工作價值被理解；
- 有人會議中冷笑，是在保護自己免於再次被打臉；
- 哽咽落淚，常常不是脆弱，而是累積太久的壓抑終於爆發。

情緒不是主管要「糾正」的東西，而是需要理解的訊號。

第一時間，先「穩住場」而不是「對錯判斷」

當現場情緒爆發，主管最重要的任務不是馬上分析事情誰對誰錯，而是穩定場面。

可以這樣做：

- 用低語氣語調說：「我們先暫停一下，好嗎？」
- 面向情緒者說：「我知道你現在有情緒，我們先換個空間談。」
- 向全場說明：「我們稍微中斷一下，讓彼此有空間，我們再重新整理。」

不解釋、不指責、不駁斥，是當下的重點。你的目標，是讓現場從「火場」變成「緩衝區」。

情緒安撫後，才能談行為與後續

情緒降溫之後，主管要私下與當事人溝通，不建議公開「懲處」或強制面對群眾。

私下對話的原則：

- 先給情緒被理解的空間：「剛剛的情緒我有看到，我想先理解你怎麼會那麼激動。」
- 再釐清事件本質：「當時你是因為什麼話或行為引爆了情緒？」
- 最後才談行為與責任：「我理解你當時感覺受傷，但我們需要找到讓事情能繼續走的方法。」

主管的角色是引導者，而非法官。

若是主管自己情緒失控，怎麼辦？

有時候，不是員工，而是主管自己爆了。面對這種情況，不必假裝沒事，坦承比掩飾更具說服力。

可以在事後對團隊這樣說：

- 「我昨天的情緒來得太快，沒有處理好，我先為那樣的反應道歉。」
- 「我不是要指責任何人，而是當下太多壓力導致我失控，我希望我們能釐清事情，一起處理。」

主管展現人性，反而更容易讓團隊卸下防備。

避免情緒蔓延：建立團隊情緒管理文化

如果一個團隊常常情緒失控，代表組織可能缺乏「情緒預警系統」。主管平常可以做幾件事來預防：

- 定期一對一關心：不是工作進度，而是問：「你最近壓力大嗎？有什麼我們能幫忙的地方？」
- 建立情緒出口機制：像是設定週會時間讓大家分享當週最挫折一件事。
- 建立行為紅線共識：讓團隊明白哪些情緒可以被理解，哪些行為（例如人身攻擊、惡意中斷）是不被接受的。

案例：如何從情緒衝突中修補團隊關係

某次產品開發會議上，工程師阿政因為設計提案被否定，當場怒喊：「那你們來寫程式啊！」然後甩門而出。

會後，主管並沒有在會議上公開責備，而是私下找阿政，說：「我能理解你對這次投入很多，但這樣的情緒表達會讓其他人不敢參與討論。」

阿政坦承當時因為前晚熬夜修改程式、又沒被認同才爆發。主管最後提出一個做法：下次提案都要有技術評估段落，並設技術代表參與提案前中期會議。

阿政不僅回歸團隊，還主動提議改良提案流程，團隊也更願意提出不同聲音。

主管不是要當「不動如山」，而是成為團隊情緒的調節者。

懂得看見情緒、接住情緒、再帶領大家回到行動，才是一位真正能領導人的主管。

第八節
講不好一句話，後果很大

有沒有過這樣的經驗？一句話脫口而出，會議現場空氣瞬間凝結；原本氣氛融洽，對方卻忽然變得沉默；只是想提醒一句，卻被誤解成責難。當主管後才知道——一句話講得不好，不只是傷感情，更可能動搖信任、誤導方向，甚至讓人離職。

這一節，我們要談的不是說話技巧，而是更根本的事：你說出來的每一句話，都是一種領導力的展現。講話，不只是資訊傳遞，更是團隊氛圍的建構工具。

一句話，可能改變人對你的認知

主管的話，影響力遠大於你想像。比起一般同事，主管的每句話都被放大解讀。原因很簡單：主管代表權力與方向，是員工工作安全感的重要來源。

- 你說「這專案這樣也能交喔？」→對方可能理解成「你覺得我很爛」

- 你脫口說「你怎麼還沒做完？」→被聽成「你是不是效率有問題」
- 你不經意說「你們部門都這樣嗎？」→馬上引發防衛與對立

這不是玻璃心，而是角色差異下自然的心理效應。

話語的「副作用」：壓力、焦慮與自我懷疑

主管的話語，除了本意之外，還有可能產生以下副作用：

- 壓力升高：「他是不是不信任我？」
- 自我價值受損：「我是不是常常讓他失望？」
- 合作動機下降：「既然怎麼做都被挑剔，那就照做就好。」

如果這些效應長期累積，就會讓團隊變得防禦性高、不敢創新、甚至彼此疏離。

話語影響力大的背後，其實是關係的期待

為什麼主管說話這麼有殺傷力？因為員工在意你說什麼。這正是領導的雙面性——你愈被在乎，你說的話愈容易傷人，也愈有力量。

所以，主管說話的第一原則是：「我說的，不只是話，是一種影響。」

怎麼說，才能減少誤解與傷害？

(1)說前多想半秒鐘

這句話的目的，是要傳達什麼？要對方怎麼做？

(2)用行為而非人格評論

「這份報告錯三個數據」比「你這樣很粗心」更具可執行性。

(3)把主觀語氣轉成觀察語氣

「我注意到這週回覆信件變少」比「你都不回信」來得客觀。

(4)不確定的話，不要當眾講

「你這樣真的很不行」改成「我們來釐清哪邊卡住了」。

這些微調，能讓一段話從對立，變成對話。

案例：一句話讓新人失去信心的反思

某主管在新人試用期結束前，收到一份報告內容不佳。他當下在會議上說：「這種品質，怎麼敢交出去？」新人當場臉色蒼白，會後幾天都不敢主動發言。

後來主管察覺氣氛變了，私下找新人談，對方才說：「我不是不想改，只是覺得主管已經對我失望了，再怎麼努力也沒用。」

這句話提醒主管：對你來說是情緒反應，對別人可能是打擊記號。從那以後，他改用「讓我看看我們可以怎麼修」來代替「這怎麼這樣做？」的反應句。

效果顯著改善，團隊回報的主動性也隨之提升。

負面語句的替代語言

傷人的說法	替代說法
「你這樣也太不專業了吧？」	「這部分還可以再精緻一點，讓成果更有說服力。」
「你是不是沒用心啊？」	「我們來看看哪邊的判斷可以再確認一次。」
「做這麼久才這樣？」	「這件事看起來比較複雜，我們來釐清卡住的地方好嗎？」

這不是粉飾，而是有效的回饋管理。

主管說的每句話，都是團隊文化的微建築。你講的方式，決定大家的回應模式 —— 是縮起來，還是願意多做一點；是膽怯服從，還是主動合作。

說話不是技巧而已，而是對關係與信任的承擔。

第五章

下屬不是你的人，是你要幫他成功的人

第一節　別只問「他能不能做事」，要問「他想不想做」

多數主管在看一位員工時，第一句問的是：「這個人做事有沒有能力？」但真正決定一個人能不能在你的團隊裡創造價值的關鍵，往往不是「能力」，而是「動機」。

在職場中，能力可以培養，但意願才是執行的燃料。你可以教會一個人怎麼做，但你很難讓一個不願意動的人自己跑起來。

這一節，我們要談的是：主管如何從「只看產出」的管理方式，轉向理解「人的驅動力」，從而真正建立一個有動能的團隊。

能力與動機的管理矩陣：四種人，四種策略

一位組織行為學者丹尼爾‧品克（Daniel Pink）提出，工作動機不再只是靠獎懲，而是與「自主性」（Autonomy）、「目的性」（Purpose）與「精熟感」（Mastery）密切相關。

從領導管理角度來看，若我們將員工分為「能力高或低」與「意願強或弱」的兩軸，可以劃出四種類型：

- 高能力＋高動機：理想型人才，給予資源與自主性即可。
- 高能力＋低動機：潛力型倦怠者，需要重新點燃意義感與工作成就。
- 低能力＋高動機：新手型努力者，適合賦予任務並搭配培訓成長。
- 低能力＋低動機：需要密切觀察與對話，判斷是否能協助轉型。

對於不同象限的員工，主管的任務也不同：有的要引導、有的要陪練、有的要激勵、有的要坦誠對話。

「他為什麼不做？」常見的三個原因

當你發現某個團隊成員工作總是被動、進度總落後，不要第一時間下定論說「他懶」或「不適任」。先問自己三個問題：

- 他有看到自己的角色價值嗎？（意義缺乏）

- 他知道怎麼做嗎？資源夠嗎？（方法與支持）
- 他覺得做了有用嗎？會被看見嗎？（成果回饋）

很多時候，員工「做不動」，不是抗拒工作本身，而是無感於結果、無力於方法、無從談成就。

這些都不是用責備能解決的，而是靠對話、設計與引導。

問出內在動機的三句話

想知道一個人內心真正的狀態，不是靠逼問「你到底有沒有心做」，而是用開放式的提問引導出對話：

- 「你現在做這份工作的成就感來自哪裡？」（探索價值）
- 「有沒有什麼讓你覺得這件事變得很卡？」（發現阻礙）
- 「如果換個方式做，會不會讓你覺得更好？」（共同設計）

這些問題的關鍵在於「不帶判斷」，而是激發員工自我認識，並開啟一種合作性的對話模式。

案例：從冷淡成員到專案主力的翻轉

臺灣某大型文創公司的品牌部門主管小蘇，曾經帶過一位叫阿晉的設計師，年資中等、技術不錯，但對每項任務都回應冷淡，只做分內之事，完全不主動，也沒有任何創意產出。

小蘇原本認為他就是態度不積極，幾度想換人，但後來某次談話中無意間問到：「你會不會覺得做品牌專案很無聊？」

阿晉回答：「其實我對平面沒有熱情，我最想做的是動態影像，只是都沒人願意給我機會。」

小蘇於是安排下一波品牌活動中的宣傳片剪輯交給阿晉試做，並提供外包製作人員輔助。結果成品大獲好評，阿晉主動加班改片、提出分鏡構想，從此在團隊中完全翻轉定位，成為跨部門影像主力。

這個故事告訴我們：每個人心中都有火苗，主管要做的不是點火，而是找到那個燃點，把風擋住，讓它燒起來。

主管的角色，是火源守護者

管理學者弗雷德里克·赫茲伯格（Frederick Herzberg）提出「激勵－保健理論」（Motivation-Hygiene Theory），指出真正能讓人主動投入的，不是薪水、福利這些「保健因素」（Hygiene Factors），而是成就、認可、責任與自我成長這些「激勵因素」（Motivators）。

主管該做的，不是一直問：「你為什麼沒做好？」而是設法創造那些讓人想主動做的環境：

- 有目標感：知道自己做的事對誰有幫助。
- 有選擇權：能參與討論方式、提出想法。
- 有成就回饋：努力會被看見，被承認。

這三件事做到，哪怕再平凡的任務，也會變得有意義。

問「他想不想做」，才是主管的起點

不要只用能力標籤人，也不要等事情出問題才來檢討動機。真正有效的領導，是懂得從日常觀察中看出人的動力來源，從對話中啟動內在驅動。

你不能替下屬完成他的人生，但你可以幫他找到自己的成就引擎。因為他不是你的人，他是你要幫他成功的人。

第二節
新人怎麼帶、老鳥怎麼留

在一個團隊中，新人與資深員工的管理是兩種完全不同的課題。新人需要的是引導與融入，老鳥需要的是認同與升級。主管若一視同仁，往往會出現「新人跟不上、老鳥想離開」的窘境。

這一節，我們要討論：如何設計適合不同階段成員的領導策略，讓新進夥伴快速上手，也讓資深員工願意留下？

新人進來第一關：不是學會做事，是學會問事

許多新人一進來就被丟進系統學流程、記表格、跟著跑例會，主管以為這樣就是「帶新人」。但實際上，新人面對的第一個挑戰，往往不是工作本身，而是：

- 不知道該問誰
- 不知道怎麼問

- 怕問錯被笑

所以，一位好的主管要做到的第一件事，是設計一套「新人成長起手式」—— 也就是讓新人知道：「你不是孤單的，你問問題是被期待的，而不是被挑毛病。」

具體可以採取這三件事：

- 建立問問題的管道：例如開立「新人提問表單」、設 Slack 群組「我想知道」，讓發問變得輕鬆、不尷尬。
- 指定一位帶教夥伴（不是主管本身）作為第一線求助窗口。
- 主管每週一對一追蹤對話，不講 KPI，只問：「這週你最卡的地方在哪裡？」

這些安排讓新人知道：「卡關沒關係，我們要的是你會主動找資源。」

新人導入三週計畫：從模仿到試做

新人成長要有階段設計，以下是實用的「三週導入計畫」：

- 第一週：觀察與熟悉（參加會議、觀看資料、shadow 資深同仁）
- 第二週：跟著做（主管安排一項小任務，如資料彙整、簡單回報）
- 第三週：模擬主導（安排一次任務簡報或向主管說明進度，並給予回饋）

這個設計的重點是：每一週都要有產出與回饋，而不是讓新人自己摸索或被動觀望。

新人導得好，三週後就能從「等被指派」變成「能初步主動」的人。

老鳥難留？
他們要的不是「福利」，而是「位置」

資深員工為什麼會離心？原因從來不只是錢不夠，而是他們覺得：

- 沒有舞臺：重要任務總是給新人試，資深者成為支援工具人。
- 沒有挑戰：每天重複同樣流程，毫無進階空間。

- 沒有尊重：新制度草率導入、資深意見被忽略。

換句話說，老鳥之所以離開，不是因為他不再忠誠，而是他看不到自己的未來。

怎麼讓老鳥留下來，還願意投入？

主管可以從以下三方面著手：

- 讓資深者成為決策參與者：例如每月內部提案，邀請三位資深員工輪流擔任「提案評審小組」。
- 給他一項「升級任務」：不是更多工作，而是「負責帶一項新制度導入」、「規劃部門成效改造建議」。
- 明確說出價值：公開肯定資深員工對團隊文化與傳承的重要性，讓他知道他不是可替代的。

案例分享：新創公司的「交叉帶領制度」

臺灣一家教育科技新創，為了解決「新人上手慢、老鳥想轉職」的困境，設計了一個叫「交叉帶領制度」：

- 每一位新進人員，前三個月由兩位資深員工共同協助，一人負責知識、一人負責文化；
- 資深員工則每季可以提出一項自選主題專案（如開發新教材流程、優化客服SOP），公司提供時數與資源支持；
- 成效好的專案，會安排發表與晉升考核依據。

這樣的制度讓新人更快進入狀況，資深者則有機會轉型、貢獻、更有成就感。結果：新進留任率三個月內達92%，資深轉職率一年內下降至8%。

不同階段，要不同對待

帶新人，重在讓他「有方向、敢開口」；留老鳥，重在讓他「有位置、看得到未來」。

一個成熟的主管，不是用一套方法管理所有人，而是能依據成員階段與需求，設計合適的引導與激勵。

新人要陪跑，老鳥要舞臺。懂得這點，才真的會帶人。

第三節　怎麼激勵不是靠錢就好

很多主管在面對士氣低落或績效不佳時，第一反應就是：「是不是要調薪？」或者「發點獎金會不會比較有動力？」但激勵人心從來不只是靠錢。根據丹尼爾．品克（Daniel Pink）在《動機，單純的力量》（*Drive*）一書中的研究，人們的內在動機主要來自三個核心：自主性（Autonomy）、精熟感（Mastery）與目的感（Purpose）。

這一節，我們要談的是：當金錢不是唯一手段時，主管還可以怎麼激勵人？

錢的激勵效應為什麼這麼短暫？

經濟學家赫爾穆特．史密特（Helmut Schmidt）曾說：「金錢解決不了沒有靈魂的工作。」實際上，薪資調整與獎金確實可以在短期內提升員工的動能，但研究顯示，這種外在激勵的效應最多維持三個月。

原因有二：

- 習慣化效應：一旦獎金成為常態，員工會將其視為「應得的」，動機來源轉為對「失去獎勵」的恐懼，而非正向追求成就。
- 比較性落差：當他人獲得較高激勵或升遷，原本的金錢動力反而轉為不滿或失落。

因此，主管必須從更深層的動機入手，才能讓員工真正長期投入與認同。

非金錢激勵模型：三種動機來源對應三類員工

(1) 自主型員工

渴望自由與彈性，適合給予任務導向與決策參與空間。

→激勵方式：讓他主導專案、參與策略會議、提出流程改善建議。

(2) 進步型員工

重視技能提升與挑戰感，害怕原地踏步。

→激勵方式：安排進階訓練、跨部門任務輪調、設定技能成長目標。

(3) 貢獻型員工

希望工作能有意義，能影響他人或組織。

→激勵方式：分享公司對社會的影響、邀請參與公益專案、讓他成為部門文化大使。

這三類不是互斥的，但主管可根據個別特質調整激勵策略，而非用一招走天下。

用任務設計、角色轉換與公開肯定激發行動力

(1) 任務設計：給他挑戰也給他空間

不要只把重複性任務交給員工，反而要刻意設計讓人「動腦、試錯、影響結果」的任務。

例：行銷助理除了整理數據，讓他規劃一次小型品牌行銷測試；或請工程實習生提出一個效率優化建議，主管協助試驗。

(2) 角色轉換：從執行者變成「負責人」

有些員工在現有角色表現平平，是因為他看不到自己在組織裡的價值。當你給他一個具名的角色（例如：專案聯絡人、內部訓練發起人），他會因為被信任而主動投入。

(3)公開肯定：讓努力被看見，成就感才會擴大

不要只在考績時說「你做得不錯」，而是要在團隊面前說：「上週這案子能準時交，是因為小潔主動聯絡設計部，讓流程提前兩天完成。」

這樣的具體肯定，會讓人感覺「我有貢獻，我被看見」，是最有力的持續動能。

案例：

電商團隊如何用成就感機制提升業績 30%

臺灣某知名電商企業，曾經在 2021 年面臨業績停滯。主管原本嘗試提高業務獎金，但效果有限。後來他們調整策略，從「成就感激勵」下手。

具體做法包括：

- 每週舉辦一次「銷售故事分享會」，讓績效成長的業務上臺分享過程與方法；
- 設計一套「任務成就點數」系統，達成某些挑戰性任務可換取專屬培訓或跨部門參與資格；
- 每月選出一名「顧客回饋之星」，依據顧客滿意度與回饋內容頒獎並在公司公告。

結果半年內，團隊平均業績成長超過 30%，且員工滿意度提升兩成。

主管在事後訪談中說：「我們以前以為他們缺錢，但其實他們缺的是被看見。」

主管的任務不是發糖果，而是點燃火苗

激勵，不是犒賞表現，而是喚醒潛能。

當你能設計一個讓人覺得「我做得到、做得好、做得有價值」的工作環境，那麼動機就不是靠推動，而是靠自己啟動。

真正懂激勵的主管，從來不是獎金發最多的，而是那個讓每個人都找到前進理由的人。

第四節　每個人想要的不一樣，怎麼找到關鍵點

有些人為了升遷拚命加班，有些人卻為了家庭拒絕多接一件案子；有些員工只要被稱讚一次就能熱血三週，有些人則需要明確的制度與獎賞才會行動。這些差異不是例外，而是日常。

主管若希望團隊高效運作，就不能以「我覺得這樣就好」來激勵所有人。每個人都有自己要的東西，而你的任務，是找到那個關鍵點。

為什麼「一套制度搞定所有人」永遠行不通？

傳統管理常有個迷思：設計一套 SOP、一組 KPI、一個獎金架構，所有人就會自動進入產出模式。但實際上，人不是機器。

哈佛大學行為心理學教授戴維．麥克利蘭（David McClelland）提出「三重需求理論」（Need theory），認為人們主要受以下三種驅力影響：

- 成就需求（Need for Achievement）——渴望完成困難任務並看到成效
- 權力需求（Need for Power）——希望影響他人、掌控環境
- 親和需求（Need for Affiliation）——重視人際關係與被接納感

這三種需求在每個人身上比例不同，因此激勵方式也要因人而異。

如何辨認每個人的關鍵動力來源？

主管不需要變成心理分析師，只要在日常觀察三件事：

(1)他什麼時候最有精神？

獨自埋頭完成報表？對客戶簡報時全神貫注？還是與人對話最積極？

(2)他最常抱怨什麼？

覺得沒人聽他意見、事情老是沒制度、貢獻沒被看到？

(3)他主動提出的建議是什麼類型？

流程改善？團隊活動？薪資制度？這些透露出他最在意的方向。

這些蛛絲馬跡，其實就是動機的足跡。

管理對話：問對三句話，找出激勵開關

- 「你覺得做這件事，什麼時候最有成就感？」（對成就導向者有引導力）
- 「你希望在團隊裡扮演什麼樣的角色？」（對權力需求者給予位置）
- 「你覺得什麼樣的工作環境會讓你最安心？」（對親和需求者打造氛圍）

這些不是一次性訪談，而是持續對話的起點。當你開始問這些問題，員工也會開始思考「我到底想要什麼」，進而建立共同語言。

案例：讓冷淡的同仁變成文化推動者

某內容行銷團隊中，有位成員小良，做事一板一眼但從不主動，對團隊活動也興趣缺缺。主管觀察他對流程優化特別敏感，便私下問：「如果你能規劃一次內部作業 SOP，你會想怎麼設計？」

小良意外熱烈回應，花了一週時間設計出一套視覺化流程卡，讓整個部門工時縮短三成。主管隨即讓他成為「流程文化代表」，每月帶領一次改善小會。

幾個月後，小良成了團隊中最具穩定與影響力的成員，還主動帶新進人員進行流程說明。

原本只要一個小觀察、一句提問，就找到他的驅動點。

激勵不在於聲音多大、獎金多高，而在於你有沒有真正理解對方在意什麼。

一個願意為你多做一點的部屬，往往不是因為你給得多，而是你看得準。

第五節　績效不好怎麼挽救？

當你發現某個部屬表現低落、產出不如預期、錯誤頻繁，身為主管的你會怎麼做？是直接給他「最後通牒」，還是悶不吭聲，暗自打算找人替換？

但真實世界中，絕大多數的「績效不好」，都不是來自於「不願意做」，而是來自於各種未被看見的原因——有的卡在能力落差、有的陷於目標模糊、有的則是動機低落與支持系統不足。

這一節，我們要談的是：當績效出現問題時，主管該怎麼判斷、對話與輔導，才能讓人回到正軌，而不是讓人離心？

一開始，不要用懲罰心態看待落後

「這個人是不是態度有問題？」「怎麼交代那麼多次還做不好？」這些反應如果變成主管的第一思考，就容易錯失解決問題的真正機會。

美國知名管理學者金．史考特（Kim Scott）在其著作《徹底坦率》（*Radical Candor*）中指出，主管應在誠實回饋的同時，展現對人的關懷。若只看數字，而忽略人的狀態，容易讓輔導變成責備。

三個績效低落的背後可能原因

(1) 方法不對

他努力了，但方法不正確，或資源不足，導致結果始終不理想。

(2) 期待不同

主管的標準與部屬的理解有落差，他以為自己已經完成，但主管眼中還有距離。

(3) 動力消耗

長期得不到正向回饋、總是負面批評，讓人從「做得不錯」變成「乾脆少做少錯」。

辨識問題的根本，比處理表面的 KPI 還重要。

對話三步驟：從理解開始，而非質疑

(1) 釐清目標是否一致

問：「你對這個專案的預期成果是什麼？」

→用來判斷他是否清楚目標與評估標準。

(2) 重建執行流程的共同理解

問：「你這次完成的過程中，哪一段你覺得最卡？」

→幫助找出瓶頸與方法的錯誤。

(3) 問出支持需求而非情緒推測

問：「我們這邊可以怎麼支援你，讓你更順利完成？」

→將責任從個人表現轉向團隊合作與改善。

這樣的對話不只修補績效，也重建關係。

補救不是加工作量，而是設計成功體驗

很多主管會說：「你這次沒做好，再給你一個案子試看看。」但如果沒有重新設計條件與支持環境，只是讓他再次失敗。

補救要這樣做：

- 挑選一項具體、可控任務
- 安排一位夥伴共行（Buddy System）
- 設計一次中段回饋點，而不是只看最後結果

目的不是驗證對錯，而是「重建做得到的信心」。

案例：從績效邊緣人到部門前段班的轉變

在某科技軟體公司中，行銷部員工小竹連續兩季未達業績目標，主管原本考慮調職。但經過一次深度對話後發現，她對數據操作感到挫折，且一直不敢開口求助。

主管隨即安排她參加公司內部的分析工作坊，並安排一位熟練同事帶她操作一次報表分析流程。第二季起，她開始主動報告數據洞察，甚至提出新指標建議。

一年後，她成為部門內部數據轉譯的核心成員。

主管後來說：「原本我只看到她沒達標，卻沒看到她其實只差一個推手。」

績效問題，是改變方式的契機

一位真正有效的主管，不是當績效不佳時換人，而是先理解發生了什麼，再決定要不要重建方式、支持環境、或調整任務。

績效不代表價值，落後不代表放棄。你怎麼回應績效問題，決定了團隊未來的凝聚力與信任感。

第六節
人走了才補人，永遠來不及

你有沒有遇過這樣的情況：團隊中某位關鍵成員忽然遞出辭呈，主管緊急開會討論補人、分工重整、開缺徵才，一切彷彿都只能「等出事了再來處理」。這種「人走了才補人」的管理模式，在多數組織中屢見不鮮，卻也正是造成團隊動盪、士氣下滑與工作中斷的根源之一。

這一節，我們要談的是：主管該如何建立長線的人力配置思維，而不是僅在離職發生時才急救？如何把補人變成預備，而非亡羊補牢？

忽略「人力風險」，就是組織的最大風險

我們常提「業務風險」、「市場風險」，卻忽略最真實也最常發生的，其實是「人力風險」—— 當某個關鍵崗位突然空缺，整個流程停滯、專案延期、客戶失聯，這些都是因為：

- 沒有備援計畫
- 沒有人才儲備
- 沒有知識傳承系統

如果你是主管，就必須知道：離職不是突發事件，而是一種常態可能性。你越早面對，就越不會被打亂。

長線思維：從「角色依賴」轉為「能力佈局」

傳統組織常常過度依賴特定人，而不是佈局一個能運作的系統。真正成熟的管理，應該是：

- 把重點從「人」放回「能力」：不是非他不可，而是有人能接替。
- 把知識轉化為制度：不是靠資深者腦袋，而是靠可查、可傳的文件與工具。
- 把任務視為可輪動而非綁定：同一角色能由兩人互補交替，降低人力斷裂風險。

主管必備的「人力盤點地圖」

以下是建立人力備援與發展策略的三步驟：

- 能力矩陣（Skill Matrix）：列出每位團隊成員目前掌握的技能與程度（如：客戶簡報、報表分析、流程設計等）。
- 關鍵節點辨識：找出哪些任務只有一個人能做，並標記為高風險。
- 備援安排與交接計畫：針對高風險節點設計「第二人員學習期」、設定備援練習時間與資料包。

這不僅是交接，更是組織健康檢查。

案例：預備得好，危機也能變成成長機會

臺灣某金融新創公司有一位資深後端工程師阿誠，擔任核心 API 架構超過五年，結果某天因家庭因素決定提前退休。主管事前已將其開發流程與架構知識導入版本控制與操作筆記系統，並安排每月一次「技術過稿時間」讓年輕工程師輪流簡報阿誠的架構理解。

因此即便離職，團隊在兩週內完成交接，並藉此讓三位年資 2 年的工程師接手成為新技術小組，還新增出更優化的模組設計。

主管後來說：「最好的接班人，其實一直都在，只是你有沒有給他們準備的機會。」

把補人變成育人：三個日常練習

(1)角色輪替制度

讓不同人每季輪流承擔某些跨職能任務，避免能力過度集中。

(2)文件與知識圖譜化

將工作操作變成可查閱可教學的 SOP 或操作影片。

(3)讓潛力人選提前演練

如安排資深業務帶新人簡報、資深 PM 陪同新人主持會議。

這些練習會讓組織對變動更有彈性，也會提升團隊每個人對「我可以做更多」的認同。

人不在時，系統能不能照常運作？

組織的韌性不在於「有多厲害的人」，而在於「少了誰都還能穩定運作」。

主管要做的不是防止人走，而是讓人走時，團隊不垮。補人不是解決方案，「預備好人才」才是永續經營的根本。

第七節
建立信任感從「了解」開始

在每個高效團隊的背後，都藏著一個關鍵元素：信任。如果你問一位主管：「你希望你的團隊怎麼運作？」大多數人會回答：「我希望他們可以主動、負責、互相信任。」但信任從來不是喊口號，而是建築在彼此理解的土壤之上。

這一節，我們要談的是：主管如何從日常中累積了解，進而建立讓人願意真誠合作的信任關係？

沒有理解，就不可能有信任

信任，不是「我相信你不會出錯」，而是「我了解你會怎麼反應、怎麼處理，我知道我們可以一起面對」。

很多主管以為信任來自「不干預」、「讓團隊自己處理」，但對於團隊成員來說，真正建立信任的第一步是：「我的主管懂我。」

不理解，就無法支持；不支持，就無法激勵。這是信任的邏輯。

了解不是調查，是陪伴觀察

理解一個人，不是靠發問卷、開一次個人面談就能搞定，而是日積月累的互動與觀察。以下是幾個可以融入日常的做法：

- 每週一次五分鐘「閒聊會」：不要談工作，只問「你這週最開心的一件事是什麼？」
- 觀察壓力訊號：語速變快、遲交回報、忽然安靜，都是情緒訊號，而非態度問題。
- 記得他在意的事：上週說他兒子要比賽、她媽媽住院，這些都要在對話中被記得。

理解是一種態度，不是形式。

建立「小信任」，才能打造「大信任」

信任不是一次就到位，而是由許多「小信任」累積而成。例如：

- 主管說「我晚點看」，真的在一天內回應；
- 答應幫忙資源時，有實際協助；

◆ 團隊提問題時，不被冷處理或敷衍。

這些小事一多，就會變成大信任；而任何一次「說了沒做」都會造成裂痕。

案例：從誤解到信任的管理逆轉

某設計公司主管小語，一直覺得新來的設計師小澄「很難帶」，因為他常常拖延交稿、私下抱怨規則不清。但在一次專案重排後，小語主動約小澄單獨喝咖啡，問他：「你對現在的任務安排，有什麼卡的地方？」

小澄才說，其實他過去在舊公司被主管公開羞辱，所以一遇到「沒有明確界線」的任務就會焦慮，乾脆拖著不動。

從那次之後，小語安排了更清晰的任務分工與交付時程，還讓小澄參與流程設計。幾個月內，小澄變成部門中交稿最穩定、參與度最高的人。

小語後來說：「原來，不是他不配合，是我沒真的了解他的焦慮。」

主管不是要當朋友，而是要成為理解他的人

你不需要對每個人的人生全盤理解，也不必成為每個人的情緒出口，但你至少要做到：

- 尊重他的特質與背景
- 願意為他量身設計任務與支持方式
- 給予信任，並在他需要時接住他

這樣的理解，不但能建立信任，也能讓員工更願意貢獻真實的自己，而不只是「做好表面工作」。

要有信任，就必須先有理解。主管不可能事事完美，但只要你願意了解每個人真正的狀態、需要與價值，他們就會在你需要他們的時候，挺身而出。

第八節　成就感是留人的關鍵

多數人離職前的最後一句話，往往不是「我受不了這裡了」，而是「我覺得我在這裡學不到東西了。」看似無害的一句話，背後其實透露著一個深層的職場心理動因：成就感的消失，是留不住人才的關鍵原因。

這一節，我們要談的不是加薪升遷制度，而是：主管如何從日常設計中，讓每位團隊成員都能感受到成就感，進而自願留下並持續貢獻？

成就感不是結果，而是「我正在變好」的體驗

心理學家卡蘿．杜維克（Carol Dweck）在成長心態理論中指出，個體的動機與表現，來自於他是否認為自己「可以進步、值得進步」。因此，真正持久的成就感，並不來自於外部獎勵，而是來自於個體的「進步感」。

也就是說，你讓他覺得自己變得更好了，他才會願意繼續留下。

為什麼很多人做得好，卻沒有成就感？

(1) 只被要求結果，沒人承認過程

努力與投入被當成理所當然，久而久之，感覺「我做了也沒人在意」。

(2) 任務太碎片，看不到整體價值

明明做了三個案子，卻覺得每天都在拆東補西，像是流水線工人。

(3) 評價標準模糊，努力方向無法對準

不知道要往哪裡好，只能「不出錯」苟活。

這些情況不是因為員工不夠好，而是主管沒有讓「成就被看見、被建立」。

三個設計日常成就感的方式

(1) 可衡量的小勝利

把大目標拆成小階段，例如「三天內完成市場資料整理」而不是「下週完成提案全案」。

→小階段有具體指標，也有明確回饋（說明成果、肯定貢獻）。

(2) 具名的貢獻表達

團隊成就報告時，不是只有「我們部門完成……」，而是「資料由阿哲統整、簡報是小葳設計、流程由志豪優化」。

→讓每個人知道：這份成果，自己在裡面。

(3) 成長紀錄回顧機制

每月一次 1-on-1 回顧：「這個月你完成哪些讓你感到進步的事？」

→協助記錄成長軌跡，也為未來考績與升遷創造依據。

成就感，是可以「被設計出來」的，而非自然發生。

案例：成就感制度讓新人成為留任榜首

臺灣某醫療軟體公司為了解決新人三個月離職率偏高問題，設計一套「成就節點成長歷程圖」。

每位新人進入第一週就會被介紹這份圖表，內容包含：

- 第一週完成資料庫連結學習；

- 第二週能獨立部署測試環境；
- 第三週參與一次客戶模擬簡報；
- 第一個月內提交一份學習心得簡報，並在內部早會發表。

每達成一個節點，就會在部門成員牆上貼上對應徽章。

原本離職率 30%，在導入制度後降到 10%，而且三個月後主動提案與跨部門合作的人數大增。

主管說：「我們不是發獎金，而是讓每個人看到自己正在往哪裡前進。」

成就感不是「鼓勵」，而是「被看見」的感覺

鼓勵是主觀的，但成就感必須是具體的。

當你只說「你很棒」，那是一種感覺；但當你說「你這次在簡報裡補上的兩組市場資料，讓客戶信心提升不少」，那就是一個可被確認的價值。

被具體認可、被連結到目標、被標記為進步，才會讓人留下。

你不能保證所有人都會成為高績效明星，但你可以創造

一個讓人「覺得自己重要」的環境。

成就感，是員工留下來的理由，更是他們願意前進的方向。主管的任務，是創造讓人能被看見、被肯定、被記錄的機會。

第六章

不是你動得快，團隊才會變強

第一節
自己做快，不如教人做會

「主管自己做比較快。」這句話可能很多人說過、也做過。會議資料我來準備、簡報我來寫、流程我來跑 —— 因為比起教一個人、跟一個人確認、等一個人做完，自己動手真的省事又有效率。

但真正的問題是：如果你一直選擇自己來做，那你的團隊什麼時候才能學會？

這一節我們要談的是：領導不是證明自己能做，而是讓別人也能做；不是自己跑得快，而是讓整隊跑得久。

「快」是表面效率，「會」才是組織資本

當主管凡事親力親為，看似高效，實際上卻會造成：

- 團隊學習斷層：員工只會等待與依賴，無法成長為獨當一面的人才。

- 主管工作極限：你一天就 24 小時，再怎麼拚命也只能處理有限數量任務。
- 責任永遠無法分擔：每件事都必須你「確認過」，沒人有主導意識與承擔力。

管理學者約翰·麥斯威爾（John C. Maxwell）曾說過：「一個領袖的最大成功，不是完成多少事，而是他培養出多少可以完成事的人。」

為什麼主管寧願自己做，也不願教人做？

有三個常見心理障礙：

- 怕交代不清楚會被搞砸：「他如果搞錯，我還得收尾。」
- 覺得教人很花時間：「講半天都還不如我自己做完。」
- 自我價值來自產出：「我做的又快又好，是我存在的證明。」

這些都很真實，但如果長期不願意放手、不願意教，那你就會變成整個組織的瓶頸。

教人不是「交辦任務」，而是「教會方法」

你可以這樣做：

- 交辦時，說明思路與評估標準：不只交代任務內容，還要說明「為什麼這樣做」與「怎樣算做好」。
- 讓員工做第一次，但主管陪看：過程中不介入細節，但在過程後給予回饋。
- 建立錯誤承接區：設一個讓新手可以試錯的任務，不用一次就對，但要一次比一次好。

讓團隊成員知道：主管要的不是完美，而是進步與獨立。

案例：從一人承包到教出接班人

臺灣一家設計接案公司，原本案源與提案都由創辦人小楊一人主導。他做得快、說得準、案子也順利，但只要他出差或休假，公司幾乎停擺。

後來他決定將提案流程逐步教給資深設計師阿敏：第一週讓她參與簡報製作、第二週安排她擔任補充說明、第三週安排她主提一小段，並事後回顧內容。

兩個月後，阿敏已能獨立進行簡報並與客戶溝通，且帶出一名新助理進行簡報排版合作。

小楊說：「我以前以為我是在保護品質，其實我是在阻礙成長。」

真正的主管，不是證明自己做得多快，而是讓團隊每個人都有機會變得強。當你願意多花一點時間教、多一點信任放手，短期可能慢一點，但團隊的整體成長，才是你領導價值的最大展現。

第二節
把經驗留下來，才不會重來

在每個職場裡，最令人沮喪的場景之一，就是「上次不是才做過這件事，怎麼又從頭開始？」原來花了一週整理的提案格式、好不容易踩過的雷、辛苦建立的 SOP，只因為沒有被留下、沒人記得，下一次又重蹈覆轍。

這一節，我們要談的是：主管如何設計「經驗留下來」的機制，讓學習不再只是個人化，而是轉化成團隊的集體資產？

為什麼我們總是在「重新來過」？

經驗無法傳承的主要原因，常見以下三種：

- 沒有留下來：做完了、解決了，就當作事情過了，沒有文件化、沒有說明會、也沒有交接紀錄。
- 留了，但找不到：存在硬碟某個資料夾、掛在某個人的雲端，但沒系統整理，想查也查不到。

- 找到了，但看不懂：留下的內容太零碎、語焉不詳、只有原作者懂，變成「有寫等於沒寫」。

這些狀況的共通點是：我們誤以為「做完」就代表「學會」。

組織經驗不是靠記憶，而是靠「知識外化」

日本知識管理大師野中郁次郎（Ikujiro Nonaka）提出「知識螺旋模型」（SECI Model），說明知識的傳遞必須從「內隱知識」變成「外顯知識」，也就是：把「只有你知道的經驗」變成「別人也看得懂的資料」。

這種轉化要靠制度與習慣的建立，而不是憑良心記性。

三種把經驗留下來的方式

- 行動記錄卡（Action Log）：每次完成任務或活動時，記錄「三件事」——發生什麼事、做了什麼、下次怎麼更好。

- 任務結束簡報（Post-Mortem）：在專案結束後一週內，由執行人或小組進行「我們學到了什麼」的公開簡報與Q&A。
- SOP 文件化＋更新機制：將重複任務轉化為視覺化流程圖，並指定「更新責任人」定期調整與審核。

這些機制的目的，不是製造更多工作，而是讓「每次嘗試，都為下一次省時間」。

案例：文件化讓新人也能上手的社群公司

一家專營 Podcast 節目的臺灣內容公司，曾經因為節目後製流程每次都得口頭交代，導致新人三不五時就問同樣問題。

後來主管小怡與製作人一起設計了一份「節目後製 SOP 手冊」，從音檔剪輯、音量比對、背景音選用、標題命名、上架時程，每一步都有截圖、案例與注意事項。

再搭配每週一次的「技巧分享早會」，鼓勵有發現問題或改進流程的人提出修正建議。

結果半年內，新進人員平均訓練期從三週縮短為七天，錯誤率下降五成。

小怡說：「我們不是只在教做事，而是在讓經驗變成公司會的東西。」

經驗留下來，是為了讓學習可以被複製

很多主管會擔心：「留下紀錄會不會花太多時間？我團隊又不大。」但你可以換個角度想：

- 你寫下一次，就不用講十次；
- 你整理一次，其他人就能複製；
- 你建立制度，就不再依賴個人。

這不只是「省時間」，而是讓整個團隊的能力可以被放大、被延續。

不要等到人離職、案子出錯、流程斷線，才發現經驗沒留下來。身為主管，你的任務不是親自記得，而是讓「誰都能知道」成為可能。

第三節
出錯不是壞事，錯完才會改

大多數主管一聽到「出錯」，腦中第一個反應是：問題在哪裡？誰負責？怎麼這麼粗心？但如果團隊成員一出錯就被責備，他們會學會的不是怎麼改，而是怎麼隱瞞。最終錯誤不會變少，只會變得更難發現。

這一節，我們要談的不是如何杜絕錯誤，而是：主管該怎麼設計出錯後的學習機制，讓失敗變教材、錯誤變成長？

錯誤是學習的起點，不是責任的終點

根據組織心理學家艾米・愛德蒙森（Amy Edmondson）提出的「心理安全感」（Psychological Safety）理論，團隊是否能夠坦誠面對錯誤，與主管是否創造出「可以說出問題、不怕被罵」的文化息息相關。

如果團隊害怕講錯話、怕承認失誤會被盯上，那錯誤就會藏起來；而當錯誤藏起來，問題就只會更大。

為什麼很多團隊一直重蹈覆轍？

- 錯誤沒有被分析：只說「下次小心」，卻沒說「錯在哪裡、為什麼會錯」。
- 錯誤被情緒化處理：主管用語氣、臉色、重話表達不滿，員工只記得壓力，沒學到教訓。
- 錯誤變成打擊信心的工具：事後被當眾提起或作為績效扣分依據，讓人只想自保、不敢承認。

這些狀況都會讓錯誤重演，甚至成為團隊信任瓦解的引信。

出錯後的三階段處理法：事實→反思→行動

(1) 事實呈現 (What happened)

不加情緒、不貼標籤，把錯誤狀況完整描述。

例：「客戶回報時間錯誤，導致簡報延誤一天」。

(2) 原因反思 (Why it happened)

釐清源頭，不歸咎個人，而是針對流程、制度、溝通環節。

例：「簡報時間沒有在共用行事曆同步更新」。

(3) 修正設計（What to do next）

具體提出預防方法與行動改變，不只是說「不要再犯」。

例：「每週一統整行事曆更新，由專人複核」。

這個流程可以被制度化為錯誤回顧表單、團隊週會的錯誤檢討區塊，讓它變成文化的一部分。

案例：

錯誤導致客訴，卻換來流程優化的行銷團隊

某餐飲品牌的行銷部，曾因為一則活動文案未經客戶審核就上線，導致用字不當，引來客訴與媒體關注。

主管當下並未責備負責文案的菜鳥夥伴，而是在隔天早會開放整個行銷組參與「錯誤回顧會議」。

會議中每人發言，從流程疏漏、審核機制、文件共享機制到標準作業流程（SOP）建立進行討論。最後還由該菜鳥成員親自主持會議結語與下一步提案。

三週後，團隊正式導入「文案四眼審核機制」、建立「出稿歷程紀錄表」，並成功在下一波活動中提前完成審查並提升點擊率。

主管事後說：「一個錯誤，換來整個團隊的進步，值得了。」

打造錯誤後的心理修復區

錯誤不只需要技術修正，更需要心理修復。

主管應該做到：

- 事後不翻舊帳：錯誤一旦處理完，就不要在非必要場合重提。
- 公開承擔制度責任：錯誤若來自制度空缺，主管要挺身而出承擔修補責任。
- 讓錯誤成為學習資產：可設立「錯誤案例分享牆」，鼓勵分享與改進，不羞辱、不懲罰。

讓錯誤可以被說、被看見、被記住，就會被解決。

錯誤不是壞事，藏錯才是壞事

身為主管，你不可能防止所有錯誤，但你可以設計一個機制，讓錯誤成為團隊升級的推進器，而不是阻礙。

錯了不要怕，只要你願意和團隊一起找出「錯哪裡、怎麼改」，那這個錯，就會變成團隊變強的跳板。

第四節
團隊學習比個人厲害重要

很多主管喜歡說：「我們團隊有幾個很強的人。」但如果整個部門的運作，仰賴少數幾位「超人」，其他人只能跟著跑，這樣的組織就如同一個三角椅，少了其中一腳就倒。真正能持續進化的團隊，靠的不是個人多厲害，而是團隊學習的能力。

這一節，我們要談的是：主管該如何打造「彼此學習、集體成長」的工作文化，讓每一個人都變得更好？

菁英導向與學習導向的差別在哪？

根據史丹佛大學心理學教授卡蘿．杜維克（Carol Dweck）所提出的「成長型心態」（Growth Mindset）理論，真正長遠成功的團隊，不是選出最強的人，而是打造一個讓每個人都能進步的環境。

菁英導向的團隊常出現以下問題：

- 高績效者獨攬重要任務，造成其他人學習機會不足；
- 團隊文化偏向競爭，導致合作意願下降；
- 出錯不被容忍，創新與學習意願受限。

而學習導向的團隊，則會：

- 強調知識分享與回饋；
- 鼓勵嘗試、允許錯誤；
- 每個人都擁有成長的路徑。

如何讓團隊學習變成日常？

- 學習對話嵌入例會：每週會議保留 10 分鐘，由一位成員分享本週學到的一件事，可是技巧、流程或思維改變。
- 夥伴制度（Buddy System）：讓不同職能或資歷的人搭檔處理任務，過程中互相觀摩與回饋。
- 內部訓練輪流制度：每月安排一位同仁主講內部分享，不求完美，重在經驗交流與觀點啟發。

這些做法都不是額外工作，而是把學習「制度化、常態化」的起點。

案例：

從菁英制轉型為學習型團隊的軟體公司

一家臺灣中型 SaaS 開發公司，過去仰賴三位資深工程師解決大部分技術問題，造成新人學習速度慢、流動率高。

後來主管團隊決定進行制度轉型，從「你最強你做」改為「你最強你教」：

- 每位資深工程師每月負責設計一次技術工作坊，主題由團隊共同票選；
- 建立「知識庫貢獻獎金制度」，寫得越清楚、被引用次數越高，獎金越多；
- 將錯誤回顧會由「主事人檢討」改為「全員共同分析」，錯誤成為團隊共學契機。

一年後，新人三個月上手率提升至 88%，團隊整體問題處理時效提升近兩倍。

主管說：「以前我們看誰解決問題最快，現在我們看誰能讓大家都會解決。」

別怕團隊「變平均」，要怕「沒進步」

有些主管會擔心：「如果每個人都一樣，會不會拉低標準？」其實重點不是平均，而是進步。如果全員都能一年比一年更會合作、更懂工具、更願意開口，那麼這樣的團隊會比一兩個高手撐全場更穩、更久、更強大。

團隊的真正競爭力，不在於你能找到多少強者，而在於你能培養出多少學習者。

主管的責任，不是打造舞臺讓某些人發光，而是點亮整個團隊的燈，讓大家都有機會發亮。

第五節
主管不能只管結果，也要看成長

很多主管的日常工作評估往往集中在:「案子完成了嗎？」「業績達標了嗎？」「成果好不好？」這些當然重要，因為結果反映執行力與組織績效。但如果一個主管只看結果、不看成長，很容易讓團隊陷入「為達目標而忽略過程」的陷阱。

這一節，我們要談的是：主管如何在結果與成長之間取得平衡，讓每個人都不只是達標，更是在過程中變得更好？

為什麼只看結果會讓團隊停滯？

- 壓縮學習空間：如果只在意成果，員工會傾向「選擇做自己熟悉的事」，而不是挑戰新方法、新思路。
- 忽略潛力培養：結果只是當下，但潛力是未來。如果不關心員工的進步與成長軌跡，就難以育才。
- 打擊錯誤容忍度：只看數字容易導致「不能犯錯」的文化，員工不敢冒險、不敢提問、不敢嘗試。

結果固然重要，但若沒有過程中的成長，成果就會成為一次性的偶然，而非可持續的實力。

從「結果導向」轉向「成長導向」的三種做法

①建立「成長紀錄表」：每月或每季由員工填寫一份「我學會了什麼」、「我挑戰了什麼」、「我調整了什麼」，主管則回饋觀察到的進步。

②績效評估中加入「學習指標」：不只看業績，也評估是否有分享知識、參與訓練、帶新人等學習行動。

③主管的回饋從「你做對了什麼」轉為「你比上次好在哪」：讓員工知道，成長被看見、努力有價值。

案例：主管看見成長，激發員工潛能

一位臺灣物流業的中階主管小葳，有位績效中等的員工小傑，雖然總是剛好達標，但缺乏主動與創新。其他主管多半認為他「就這樣而已」，但小葳注意到他開始主動記錄每日交貨流程。

小葳沒有忽略這點，而是在下次 1-on-1 中說：「我有看到你最近開始記錄流程，有沒有想過怎麼讓流程更順？」並安排他與另一位資深員工一起優化運送路線。

結果小傑不但提出具體改善建議，還在下一季成為區域流程導入的代表。小葳說：「我不是看他達成什麼，我是看他在變成怎樣的人。」

成長導向不代表不要求成果，而是看雙軌

有些主管會誤解：「我如果太重視學習，會不會大家就不拼業績了？」事實上，成長導向的團隊更能穩定達標，因為：

- 他們對自己工作有投入感
- 他們知道犯錯後可以學習，不會被責備
- 他們在學習中精進流程，提升效率

真正的高績效，從來不是壓榨出來的，而是從學習中孕育出來的。

你關注什麼，團隊就會成為什麼

當主管只問「做得完沒？成果在哪？」員工只會給你表面答案。但如果你問「這次你有什麼新嘗試？哪裡成長了？有什麼卡關？」你會看到真正的潛能正在萌芽。

結果是重要的，但成長才是可累積的。主管的眼光，不只要看見終點，更要看懂旅程。

第六節
分享經驗，不是講自己多厲害

在團隊中分享經驗，是主管的重要任務之一。但現實中，很多主管一開口分享，聽在團隊耳裡卻變成「炫耀自己過去多強」，講完一輪沒有人有收穫，反而讓人產生距離感。

這一節，我們要談的是：主管如何用對方式分享經驗，讓知識成為可學習的資產，而不是「只可遠觀」的英雄傳說？

經驗分享變成「講古」的三種情況

(1)重點在自己，不在事件

講述自己的豐功偉業，卻沒有交代背後的條件、關鍵或脈絡，讓人難以複製。

(2)缺乏可行建議

故事講得精采，卻沒有整理出具體可行的方法與步驟。

(3)貶低式比較

講自己如何「當年一個人扛三個案子」，無形中讓新人覺得「你是在說我不夠好」。

這些分享無法產生學習，只會產生疏離與壓力。

分享要有「三明治結構」：事件＋失誤＋學到什麼

要讓經驗真正有用，可以嘗試以下結構：

- 事件背景：發生什麼事？當時的情境是什麼？用具體細節讓人進入情境。
- 失誤或挑戰點：過程中遇到什麼困難？自己哪裡卡關？這部分要真誠而不自圓其說。
- 學到什麼：最後歸納出哪些方法、原則、提醒，可以讓大家少走冤枉路。

舉例：

「我有一次在談一個關鍵客戶，原本以為關係很好，結果提案被退回三次。我後來才發現我一直在講我們的產品功能，沒講到他最在意的用戶數據。那次我學到，提案前一定要先釐清對方真正的 KPI。」

這種方式，比起只說「我三年前簽下大客戶」有用太多。

鼓勵對話而不是演講

經驗分享應該像一場座談，而不是一場演說。你可以這樣做：

- 在講完一段後，問：「你們遇到類似的情況會怎麼處理？」
- 分享後開放 Q&A 或分組討論：「你覺得我哪邊可以做得更好？」
- 鼓勵他人補充：「有沒有人曾經處理類似的客戶、流程、危機？」

當團隊參與越多，經驗分享才會變成集體智慧的交換平臺。

案例：經驗分享會讓新人變主動

某品牌行銷部門主管小澤，每月固定辦一次「錯誤經驗分享會」，規定不是分享成功經驗，而是分享「曾經搞砸什麼」，且每次必須提出「事後怎麼補救」與「下次怎麼避免」。

這個分享機制讓新人覺得主管不是來批評的，而是曾經也犯過錯的人。幾個月後，新人參與度與主動提問率明顯上升，且開始有成員自發準備簡報，希望輪到自己分享。

小澤說：「當大家都不怕承認錯誤，就會開始真正學習。」

經驗分享不是傳教，而是傳承

如果你真的很厲害，那應該讓別人也能變得厲害。與其一直說「當初我多拼」，不如說「我怎麼調整流程才減少犯錯」；與其誇自己多會談判，不如拆解「我怎麼聽出對方真正的痛點」。

這樣的經驗，才是別人帶得走的智慧。

一位真正成熟的主管，懂得用經驗幫助別人成長，而不是塑造自己偉大。讓團隊在你的故事中看見方法，而不是距離；看見可能，而不是壓力。

第七節
從失敗中復原，是實力不是丟臉

主管常常會在意「錯誤會不會影響形象」，但真正優秀的團隊從來不是沒有錯誤，而是有能力從錯誤中快速復原、調整方向、再出發。這種「復原力」（resilience），才是現代領導者最該培養的核心能力之一。

這一節，我們要談的是：主管如何幫助團隊建立心理韌性，讓失敗不再是恥辱，而是蛻變的起點？

錯誤不可怕，怕的是錯完就退縮

在高壓環境下，錯誤容易被放大成失敗，而失敗則被等同於「沒用、沒救」。但事實是：

- 所有的創新都來自試錯
- 所有的高手都經歷過挫敗
- 所有的反彈力都來自復原力

你給團隊的不是「永不犯錯」的壓力，而是「犯錯後知道怎麼走下去」的心理支持。

從失敗中復原的三個關鍵步驟

(1)命名錯誤，而不是掩蓋錯誤

「我們這次失誤在於沒檢查環節」比「出了點狀況」更能指引改進方向。

(2)將挫折轉化為改變契機

每一次挫敗都能反問：「這反映了我們哪裡需要再強化？」

(3)給失敗者一個再嘗試的舞臺

不讓失敗成為標籤，而是下一次挑戰的起點，例如重新交付新任務、給予資源支持。

這三個步驟讓錯誤變成建設，而非挫折。

案例：從失敗中帶出領導潛力

某科技行銷公司曾有一位年輕主管阿明，因錯估案量導致整個季度專案延誤，客戶退單、內部抱怨聲四起。

總經理並未馬上懲處，而是邀請阿明主持一次「專案檢討會」，親自說明錯誤流程、資源錯配與後續改進方案。

三個月後，阿明重新主導另一專案，不但提早完工，還成為公司內部「跨部門流程優化提案人」。他在回顧中說：「我不是沒犯錯，而是公司給我機會把錯誤變成經驗。」

主管要做的是「陪伴修復」而不是「評價對錯」

團隊在失敗之後最需要的不是數字報告，而是心理修復的空間。

你可以這樣做：

- 認同情緒：「我知道你現在應該有點沮喪，這很正常。」
- 指引方向：「我們接下來該做的是什麼，先訂個小目標好嗎？」
- 彈性調整：「如果這階段有什麼需要我支援的地方，你可以提。」

這樣的語言與行動，會讓員工感受到支持而非評價，恢復動能而非退縮逃避。

培養「面對失敗的勇氣」文化

想讓復原力成為文化，你可以：

- 把錯誤案例變成學習資源：例如每月一次「失敗學午餐」，分享近一個月的失誤與改進過程
- 給再挑戰者舞臺與鼓勵：曾經失敗的人再次站上臺時，主管公開表達支持與認同
- 取消責難式回顧：檢討時不問「誰錯了」，而問「我們學到什麼」

這些制度將錯誤由「終點」變成「跳板」。

錯誤是成長的一部分，復原才是實力的展現。主管的角色，是讓團隊在跌倒時不自我否定、不彼此攻擊，而是懂得整理傷口、重新出發。

第八節　小主管也能帶出高手

在多數人的想像中，「培養人才」好像是高層主管的責任，小主管只要「顧好自己的任務」就行了。但實際上，影響一個人成長最多的，往往不是大老闆，而是他每天共事、指導、給予回饋的直屬主管——也就是小主管。

這一節，我們要談的是：即使你不是高階主管，也能透過日常行動，成為關鍵推手，培養出真正的高手。

小主管的五種誤解

(1)我沒有權力調薪升遷，怎麼叫「帶人」？

事實：人最在意的從來不只是制度給予，而是日常中「我有沒有被看見、被指導、被期待」。

(2)我都忙到爆了，哪有空教人？

事實：不是額外抽時間，而是把指導內建在日常共事中。

(3) 我也才剛升上來，我哪敢教別人？

事實：你不需要完美才能帶人，只要誠實分享、一起成長，就足夠。

(4) 我怕教了他，反而被取代

事實：真正會教人的主管，不會被取代，而會被信任與晉升。

(5) 我不是專業頂尖，別人不會服我。

事實：人會跟隨願意協助他、願意給舞臺的主管，而不是永遠高高在上的高手。

小主管培養高手的三種日常行為

(1) 示範給看

做重要決策時，邀對方旁聽與解說思路。

(2) 拉他一起來

開會時讓他發表、簡報時給他主持一段、任務設定中讓他提案。

(3)讓他先試一輪

不是一上來就定生死，而是小範圍先練習，事後共同回顧改進。

這三件事不需要額外資源、不需要高階頭銜，只要願意「讓出一點舞臺」，就能開始。

案例：平凡主管帶出跨部門種子

某製造業品管單位裡，一位資歷五年的中階主管淑君，總是讓新人先處理「大家不願做」的細項，但她不是丟包，而是安排簡報、回饋與改版流程，並在早會時鼓勵他們報告改進建議。

三年後，她所帶過的四位成員，有三位升任其他部門主管，並回來支援跨部門流程改善。

高層主管說：「我們後來的流程改善文化，是從淑君那組慢慢長出來的。」

小主管的價值，不是權力，而是影響

你不一定能決定誰升官、誰調薪，但你可以決定：

- 誰在會議上有發言機會
- 誰有機會接觸更具挑戰的任務
- 誰能在錯誤後得到再次嘗試的機會

這些，都會改變一個人的信心與能力軌跡。

一位懂得扶持與信任的小主管，可以帶出比自己更強的部屬，這不是威脅，而是榮耀。你不必等到升得很高才開始帶人，因為你每天做的每一個舉動，都可能成為別人成為高手的關鍵起點。

第七章

問題來了，

你要會扛也會拆

第一節　有問題不等於有人搞砸

在管理現場中，幾乎每天都會碰上問題：案子延遲、流程出錯、客戶抱怨、部屬出包。當問題一出現，第一個反應常常是：「誰的錯？是誰搞砸了？」這樣的直覺雖然人性，但卻往往會讓團隊陷入恐懼、互相指責，而錯過真正找出問題原因與解決方向的機會。

這一節，我們要談的是：主管要如何面對問題，不急於歸咎、不陷入責難，而是冷靜拆解、引導團隊解決與成長？

問題不是壞事，錯誤也不是災難

根據美國麻省理工學院的系統思考專家彼得·聖吉(Peter Senge)所提出的《第五項修練》理論，真正有學習力的組織，是能夠把問題當作系統運作的回饋，而非個人能力的否定。

換句話說，問題是提醒我們調整與進化的機會，而不是某人失職的證據。

但在多數組織中，問題一出現就想找「凶手」的文化，會讓團隊產生以下現象：

- 遮掩錯誤：怕被罵、不敢承認，問題越積越深
- 互相推卸：每個人都想撇清責任，最終無人真正處理
- 心理封閉：團隊進入防禦性工作狀態，創新停滯

這些狀況，往往讓問題變得更難解，也讓團隊信任逐漸流失。

管理者的第一反應，決定團隊的信任氛圍

當你聽到部屬說：「主管，事情出了一點狀況……」你的反應會是什麼？

- 「這是誰負責的？」（潛臺詞：我要懲罰）
- 「怎麼會這樣？怎麼沒注意？」（潛臺詞：你們不夠細心）
- 「好，先說一下怎麼發現的？」（潛臺詞：我們來看怎麼解）

前兩種會讓人選擇沉默與自保，最後一種則會讓人選擇誠實與共解。

因此，身為主管，你不只是在處理問題，更是在創造一種回報問題也能被理解的心理安全感。

三步驟：從指責模式轉為拆解模式

(1)先處理情緒，不處理責任

問題一爆發，先別急著問誰的錯，而是先表達：「沒關係，這件事我們一起來想辦法。」

(2)釐清事實與時間線

問題是怎麼發現的？從什麼時間點開始有跡象？用中性語言協助團隊回顧全貌。

(3)拆解原因，找出系統性盲點

是流程不清？角色重疊？工具設計不良？不要只盯著錯誤發生的人，而是聚焦在「這個錯誤為什麼有機會發生」。

這樣的模式，會讓錯誤變成組織升級的契機。

案例：從錯誤中重建流程的實戰案例

臺灣某健康科技新創，在推出新產品時，因為使用者手冊翻譯錯誤導致大量客訴，客服部門被迫加班處理。

當時負責內容的編輯人員主動認錯，原以為會挨罵。沒想到主管第一句話是：「謝謝你願意馬上說出來，我們來看看哪個環節需要補強。」

隨後團隊一起開會檢討，發現當時在專案趕工下，翻譯流程中原訂的第三方校對被略過。後來公司重建翻譯與校稿流程，並導入自動提示機制，確保再無類似錯誤。

那位主動坦承錯誤的員工也因為展現誠信與改善提案，被拔擢為內容流程設計的帶頭人。

問題是過程的回饋，不是人格的否定

請記住：問題不是用來判斷誰該離開，而是用來理解什麼該改變。你的回應方式，會決定團隊是否敢繼續說真話、提警訊、做改變。

你可以建立以下文化：

- 每次專案後必有問題回顧清單，非為檢討個人，而是蒐集學習機會；
- 團隊週會鼓勵提出「這週最大的困擾與待解問題」，讓問題變成共識資產；
- 主管示範面對自己的小失誤，降低員工對錯誤的恐懼。

面對問題，是拆解不是追究

你面對問題的方式，塑造了團隊面對挑戰的心態。如果你總是急於追責，那麼問題就會變得隱蔽；但如果你願意一起拆解，那麼問題就會變成改變的機會。

有問題，不代表有人搞砸——這是成為成熟主管最關鍵的心理素養，也是讓團隊走向共好文化的第一步。

第二節
先分清「急」和「大」的不同

職場上有一種常見迷思：只要事情很急，就會被視為「很重要」；只要事情很大，就會被預設為「馬上解決」。然而實務上，「急」不代表「大」，「大」也不一定需要「馬上處理」。

這一節，我們要談的是：主管該如何區分「急事」與「大事」，才能正確設定處理優先順序，避免團隊疲於奔命？

「急」代表時限壓力，「大」代表影響範圍

首先，我們來定義一下兩者差別：

- 急的事：有時間壓力、來自外部催促、未處理會立即中斷某一流程（如：報價單未送出、記者會延遲、系統故障）。
- 大的事：影響範圍大、對結果造成長期影響、不解決可能反覆出現（如：產品定價錯誤、制度設計有漏洞、策略方向需調整）。

簡單說：「急」是時效問題，「大」是結構問題。

問題在於，很多主管在壓力下，被「急」牽著走，忽略「大」才是根本。

當「急」壓過「大」，會發生什麼事？

- 天天救火，沒時間改善根源：團隊只能一再處理結果，卻從不檢視流程本身。
- 累積疲勞，忽略判斷品質：在急促中作決定，常常犧牲品質與長期效果。
- 小問題不斷重演，終至爆炸：原本能提早解決的潛在問題，變成無法收拾的危機。

所以，成熟的主管要有能力「拆急事」、「穩大事」。

四象限工具：急與大如何交叉思考？

	不急	急
不大	四象限（低優先）	三象限（可授權）
大	二象限（優化設計）	一象限（親自處理）

說明如下：

(1)一象限：急且大

需立即處理，如重大系統故障、危機公關事件。

(2)二象限：不急但大

優先規劃，例如制度設計、策略調整、人才盤點。

(3)三象限：急但不大

可授權處理，如例行報告未交、訂單延期。

(4)四象限：不急也不大

可延後甚至忽略，如形式會議、低效流程。

主管要做的，就是將資源與注意力拉回到二象限，從根源解決問題。

案例：把「急單」轉成「穩客戶」的策略反轉

某電商公司業務主管曾面臨一位大客戶臨時追加 300 筆訂單，要求兩日內交貨。團隊進入加班、趕工模式，導致包裝錯誤率暴增，客戶後續更質疑專業度。

主管後來反省，原本只想處理「急」，但忽略了「大」的風險。於是他與客戶協議改為分批交貨，並內部設置「快速反應標準作業流程」SOP 與加班人力排程。

隔月類似情況再現時，團隊無需再緊急處理，反而提升了交付準時率與客戶信任感。

主管說：「急事不是不能處理，但要有設計，不能只有慌張。」

如何幫助團隊也學會判斷「急大」？

你可以在日常中這樣做：

- 每週開會時安排「二象限時間」：固定討論一項非當下緊急但影響深遠的議題
- 任務指派時標記屬性（急／大）：讓團隊學會分類，而不是被催促節奏主導
- 對應不同象限提供不同支援方式：一象限需你親自協助，三象限則培養團隊應對力

這樣不只提升團隊思考力，也會讓整體節奏變得有層次、可掌握。

冷靜拆解，勝過一味趕工

問題來臨時，不要先問「怎麼那麼急」，而是先問：「這件事影響多大？能不能分批處理？是不是每一件都得現在解決？」

區分「急」與「大」，是你能否從忙亂中找出清晰策略的關鍵。懂得拆事情的人，才撐得起真正的重擔。

第三節　該上報還是自己扛？判斷的原則

每個主管在面對突發狀況時，腦中都會閃過一個疑問：「這件事我要自己處理，還是該馬上跟上面報告？」報太快，可能被認為小事也要靠高層；報太慢，可能讓問題擴大而錯失及時支援。

這一節，我們要談的是：主管在面對問題時，如何判斷「該上報」還是「自己扛」，在自主處理與有效溝通之間，找出精準的決策界線？

自己扛，不是默默硬撐；上報，也不是推責卸任

有些主管誤以為「負責任」就是什麼事都不麻煩上級，結果就是壓力爆表、錯失協調機會，甚至影響團隊績效。而另一種狀況則是，「凡事請示」，變成無法判斷的依賴型主管。

事實上，成熟的判斷邏輯是：關鍵資訊該回報、可控範圍可處理，風險可預見則須通報。

三個判斷關鍵：範圍、風險、資源

(1)影響範圍是否跨單位或部門？

若事件可能影響其他部門（如：IT 出包影響行銷活動），建議通報並協調，以利資訊一致與合作應對。

(2)風險是否可能升高？

當你判斷事態有「擴散、升高、外部波及」的可能時，即使尚可控制，也應預先讓上層知情，以利風險預備與彈性調度。

(3)是否需要資源支援？

若處理事件所需人力、預算、權限超過你職掌範圍，就該提早尋求授權與支援。

簡單說：無法獨立解決、需動用他人或會產生外部影響的事，請主動上報。

上報的重點不是「報」，而是「怎麼報」

上報不是為了喊救命，而是要幫助上層「掌握狀況、做出決策、信任你」。你可以這樣說明：

- 簡明描述問題本質與當前狀況：「我們今天下午三點接獲客戶回報出現功能異常，已初步定位為資料同步延遲。」
- 清楚提出你已處理與接下來打算：「已通知技術人員排查，預計 30 分鐘內有初步報告，若進一步發展，我們會依情況調整通知客戶方式。」
- 主動表達你掌握風險與需求：「目前可控，但若需客戶回補資料，可能影響交付時程，需預先請示是否能延一日。」

這樣的回報會讓上層覺得你穩、你有計畫，而不是只會丟包。

案例：準備充足的上報，換來關鍵資源

臺灣某醫療平臺公司，內容部曾遇到公衛機構臨時變更合作規範，需重新製作上百篇文章摘要。部門主管小靖評估

後發現，若僅靠現有人力會造成三週交期延誤，並可能引起合約違約爭議。

她未等問題擴大，當晚就向營運長彙整報告：事件原委、目前進度、三種處理方案與預估風險。最後成功申請跨部門合作人力，並在原時程內提前兩日完成。

營運長後來說：「她不是上報問題，她是在上報解法。這種主管，值得信任更多。」

「默默扛」不是責任，是風險

很多主管不敢上報，是怕被覺得無能或給高層添麻煩。但請記住，高層最怕的是最後一刻才知道問題、毫無準備。

相反的，一位願意提早示警、清楚說明的主管，會被視為穩重、有全局觀、有信任基礎。

做主管，不是把所有事都自己吞下來，也不是一有風吹草動就往上丟。而是要具備判斷力與通報力，知道什麼時候該提、該怎麼提，才能在複雜的局勢中守住關鍵，也守住團隊。

第四節　團隊出錯怎麼一起收尾

問題總會發生，錯誤也無可避免。但在錯誤發生後，主管該做的不只是「處理」或「善後」，更要帶領團隊「一同收尾」，將這場危機化為經驗的累積與信任的深化。

這一節，我們要談的是：當團隊出錯時，主管如何引導大家一同收尾、反思與修正，讓錯誤不成裂痕，反而成為團隊成熟的跳板。

錯誤發生後，三個常見的錯誤收尾方式

(1)一聲不響自己扛完

主管不想多事，默默處理完一切，結果大家都以為「反正有人會收」，學不到教訓也沒產生警覺。

(2)公開責難製造代罪羔羊

一旦出錯，立即點名責怪某位同仁，看似嚴格，實則讓團隊進入「自保模式」，下次問題只會更隱蔽。

(3) 倉促過關不願討論

為了不影響氣氛，或怕「浪費時間」，錯誤就這樣草草略過。結果相同問題一再重演。

這些都是讓錯誤失去價值的做法。

成熟的收尾流程：承認、拆解、重建

要真正把錯誤變成資產，可以引導團隊走過三個步驟：

(1) 承認錯誤，不模糊焦點

主管要能說：「這次有出錯，我們來看看是哪個環節沒有做好。」

要避免說「也還好啦」、「都怪外部變動」這種模糊話，錯誤需被點名，才有改善空間。

(2) 拆解問題，聚焦系統缺口

是資訊沒同步？流程設計有漏洞？還是角色分工不清？聚焦的是機制，而非個人。

可以視情況採取「錯誤剖析表」或「事件時間軸回溯」等方法協助釐清。

(3)重建信任與改善路徑

明確說出：「我們怎麼避免再犯？」、「誰會負責監督後續執行？」

若有人因錯誤受挫，也要安排一對一談話，讓個人心理修復能同步進行。

案例：從公關危機到團隊轉型的轉捩點

某生活品牌的行銷團隊，在一次網紅合作中使用了未經授權的素材，引發輿論與法律風險。負責人小祐並未第一時間尋找責任人，而是立刻召開團隊會議，公開說明整體事件經過。

他邀請相關部門一同檢視流程中「為何素材未經審核即上線」，並由每個人自行寫下一份「我這次學到什麼」作為會後反思報告。

結果一週內不僅危機獲得有效收束，公司還因這次錯誤正式成立品牌法務審核小組、重整 KOL 合作契約制度。事後團隊整體對流程的意識與合作信任反而大幅提升。

小祐說：「出錯不可怕，可怕的是大家都裝沒看到，這樣才真的會出大事。」

一起收尾，是修復信任，也是重新定義責任

讓團隊一起收尾，不是要「一起背鍋」，而是讓每個人都能在過程中學會：

- 如何看待錯誤與責任？
- 如何從失敗中抽取學習？
- 如何彼此支援與合作調整？

這樣的文化，會讓人不怕犯錯，反而更願意挑戰與創新。

當錯誤發生，最好的做法不是收拾殘局，而是創造下一次不會重蹈覆轍的可能。收尾不是結束，而是對過程的尊重、對未來的準備。

第五節
負責任不是一肩扛，是帶頭解

在許多組織文化中，主管被期待要「扛起所有責任」，彷彿只要問題出現，主管就該頂住一切。這樣的觀念看似負責，其實不只讓主管壓力爆棚，也忽略了團隊「共同解決問題」的潛能。

這一節，我們要談的是：真正的負責任不是逞英雄一肩扛，而是願意站出來帶頭解決，讓團隊一起參與問題處理與結構改善。

一肩扛，常常變成孤軍奮戰

許多主管在遇到問題時選擇自己獨自解決，原因包括：

- 「我不想連累團隊」
- 「我講了也沒人幫得上忙」
- 「怕團隊看見問題後信心受挫」

這些出發點都出自善意，但最終容易演變成：

- 主管筋疲力竭，無法維持穩定輸出
- 團隊被排除在外，無法學習如何應對挑戰
- 問題被短期處理，但長期風險未解

真正負責任的主管，應該做的是：拉團隊一起解，不是默默苦撐。

帶頭解，是帶方向、給資源、啟動共識

要「帶頭解」，主管可以做到三件事：

- 定義問題，而非代替解決：先把問題說清楚，並告訴團隊「我們要一起來想辦法」。
- 整合資源與人力：誰可以協助什麼？需要哪些工具與流程？主管的角色是資源調配者與節奏設計者。
- 營造團隊參與氛圍：讓團隊知道，他們不是被責怪的人，而是成為解法的一部分。

案例：用「帶頭解」扭轉團隊信任斷裂

一家新創公司在年中大型產品上線前兩週，因資料庫同步出現問題，導致測試結果嚴重延誤。

技術部門主管芷菱並未直接下令重做，而是召開「應變會議」，讓每位工程師針對手上模組提出風險判斷與資源需求，她則負責整合時程與外部協調窗口。

在她的引導下，大家迅速決定哪些模組可併行測試、哪些需要暫緩，並成功於期限內完成交付。事後團隊成員普遍回饋：「主管不是來讓我們背鍋的，而是來一起解決的。」

芷菱說：「我不需要做全部的事，我的責任是確保大家能一起把事做好。」

「帶頭解」不是放權，而是引導

有些主管誤解「帶頭解」等於「什麼都丟給團隊」，結果變成放任。其實兩者差別在於：

- 放任是不管過程，也不給支持
- 帶頭解是設好框架，引導思路，協助行動你不是要給答案，而是讓大家知道：這件事你會陪他們走，但希望他們也能參與。

三步驟：讓團隊一起參與解法

①定義當前問題，明確邊界與目標；

②邀請團隊出主意，並將角色分工透明化；

③設定短期進度檢核點，讓大家看到進展與成果。

這樣的做法會讓團隊覺得「我們真的有參與、也有影響力」，而非只是被動執行者。

當主管選擇不再獨自承擔，而是站出來帶方向、給方法、啟動解方時，團隊會從「怕犯錯」的氣氛，轉向「敢面對」的文化。

帶頭解，才是真正的扛責任；讓團隊強起來，才是主管最重要的任務之一。

第六節 危機時刻怎麼帶穩人心

危機來的時候，最先被動搖的，不是系統，也不是流程，而是人心。尤其當資訊混亂、情緒蔓延、外部壓力持續升高時，團隊是否穩住，關鍵在於主管能不能發揮安定作用。

這一節，我們要談的是：面對危機，主管如何帶穩人心，讓團隊有勇氣應對不確定，維持行動力與信任感？

危機不會自動帶出團結，反而容易裂解

不少主管以為「出事了，大家就會自動團結起來」，但實務上常出現的反應是：

- 消息不透明，導致各自猜疑
- 無人指揮，陷入混亂焦慮
- 內部責難，氣氛轉冷對立

因此，主管的第一要務是：穩住資訊流、穩住節奏感、穩住信任關係。

三個穩住人心的關鍵動作

(1) 說清楚現況，不做空泛安撫

面對危機，團隊最怕不是壞消息，而是沒消息。你不需要裝沒事，但要有條理地告知：「我們目前掌握的資訊是……」、「目前已經啟動了哪些處理機制……」

(2) 適時展現情緒穩定與信念

主管的語氣、眼神、行動節奏，會被團隊放大觀察。你可以誠實說「事情很困難」，但要展現出「我們有方法」、「我們不會自己放棄自己」。

(3) 讓每個人知道「我有角色」

越是在動盪時，越要讓團隊知道「我不是旁觀者」。即使是一個小任務，也能讓人感到參與感與控制感。

案例：面對裁員風聲，穩住士氣的主管策略

某設計公司在疫情後業務急速萎縮，高層準備進行結構調整。中階主管志遠收到通知後，第一時間不是轉述傳聞，而是在團隊週會上主動開場：

「你們可能有聽說一些流言，我現在能說的是，目前公司確實在討論組織重整，但尚未定案。我會在第一時間把可以公布的資訊透明告知，期間若有擔憂，可以來找我談。」

接下來兩週，他安排團隊聚焦在能控制的目標上，重新安排專案流程，也主動與高層溝通爭取資源，最終僅有小幅調整，團隊核心得以留任。

團隊成員回憶說：「我們知道事情不好，但因為主管沒躲起來，反而讓我們相信可以撐過去。」

危機時期，主管該避免的三種行為

①逃避式沉默：完全不講、隱藏消息，讓猜測成為主旋律。

②情緒放大：主管自己情緒失控，讓團隊更慌。

③甩鍋式撇清：強調「不是我決定的」、「是公司要這樣」會讓團隊失去歸屬感。

這些行為不但無助於處理問題，還可能造成內部的第二次傷害。

建立「信任感比答案更重要」的氛圍

主管不可能每次都有解答，但可以給出穩定的承諾與回應，例如：

- 「我知道你擔心……我會盡快把能說的告訴你。」
- 「我們現在先做這三件事……這樣可以先讓系統穩定。」
- 「這週五我再跟大家報告最新進展，我會先整理出簡報。」

這些回應讓大家知道：「即使答案不明，但我們有節奏、有指引、有陪伴。」

在亂世中當主管，最重要的責任不是馬上解決所有問題，而是讓團隊相信：我們還在一起、有方向、有希望。

穩住人心，是穩住行動力的前提。當人心穩了，再大的變局也能一起撐過去。

第七節
面對外部壓力時怎麼保護團隊

在現代職場，團隊所承受的壓力往往不只來自內部任務，更多來自外部：上層的臨時決策、其他部門的施壓、客戶的緊急要求、社群輿論的挑戰。這些壓力若直接灌進團隊核心，往往造成團隊士氣崩盤與效率降低。

這一節，我們要談的是：當外部壓力來襲時，主管如何為團隊設下防火牆，過濾噪音、守住焦點，讓大家能專心把該做的事做好？

外部壓力進不來，內部才穩得住

當一線團隊被不斷打擾、反覆改變方向、或必須直接面對來自高層或客戶的壓力時，會出現以下問題：

- 頻繁變動導致焦點模糊：團隊剛做完 A 計畫，又突然要改做 B 方向，變成疲於應付。

- 情緒沾染士氣受損：若主管無法過濾高層語氣或情緒，下屬容易被過度批評壓垮。
- 決策權混淆，責任難釐清：跨部門直接干預造成團隊無所適從，不知該聽誰指揮。

主管的責任，就是要設一道緩衝牆，幫助團隊「減震」與「聚焦」。

保護團隊的三個策略

(1) 當好資訊的過濾器

面對來自高層或外部壓力，先不急著全部轉達，而是先釐清：「這對我們任務有什麼具體影響？」

→將複雜的資訊「翻譯」成可執行的重點，並說明背景脈絡，幫助團隊正確理解。

(2) 幫團隊守住節奏感

不要因為外部一有要求就馬上改變排程，而是與團隊共同評估可行性與調整方式。

→該延後的會議、該取消的任務勇於處理，不讓外部節奏凌駕於內部產能之上。

(3)界定邊界、替團隊擋箭

若有跨部門壓力直接指向團隊，可由主管出面統一窗口，避免團隊分散精力應付不同對象。

→遇到情緒性溝通，主管要擔任緩衝者，而不是傳聲筒。

案例：擋下客戶壓力、保住團隊品質

某科技業的產品經理小佳，在一場大型客戶案開發中，對方窗口連續三天臨時要求新增功能與變更介面設計，導致設計團隊幾乎無法準時交付。

小佳與客戶開啟一對一會議，說明開發流程所需節奏與品質考量，並提出「功能凍結日」制度，說明一旦超過此日變更，將延後整體時程。

她同步與內部說明：「變更不再是你們的問題，而是我的責任。我擋下來了，請你們繼續把品質做好。」

結果交付準時、品質達標，客戶也因小佳的誠實溝通而願意配合後續合作。

保護，不是隔離，而是清楚定義界線

保護團隊，不是讓團隊與外界完全隔離，而是讓他們知道哪些是需要在意的、哪些可以放心不管的。

這需要主管主動告訴團隊：

- 「這件事你們不需要處理，由我來談。」
- 「我們的重點還是完成這三個里程碑，其他我會協調時間。」
- 「有人情緒大爆發，那是對外部回饋，不是對你們的否定。」

這種界線設定，會讓團隊覺得安全，也能集中資源發揮價值。

一位成熟的主管，不只是做決策的人，更是保護能量的人。他懂得替團隊擋下外界的雜音與衝擊，讓大家能在穩定的空間裡安心執行、勇於嘗試。

第八節
解決問題後，記得修制度

當問題解決了，大多數人鬆一口氣，就此翻篇。但一位真正成熟的主管，知道這只是完成了一半的任務。因為問題之所以會發生，往往不是偶然，而是制度、流程、認知或合作中，存在著長期的漏洞。

這一節，我們要談的是：危機處理完畢之後，主管如何引導團隊修正制度，讓未來類似問題不再重演，實現從「事件處理」到「系統改善」的轉化？

你不修制度，問題就會換個方式再來

很多主管處理完一次危機後，只記得「下次提醒大家注意就好」，卻不改變系統本身。這會讓問題以不同形式反覆出現，例如：

- 上次資料搞錯，下次流程更亂；
- 上次報告延誤，下次改成口頭報告更容易跳過確認；

- 上次客訴沒處理好，換個產品同樣失誤重演。

這些現象的共通點是：把錯誤當事件處理，而不是系統問題來看。

三步驟：把錯誤變成制度升級的機會

(1)錯誤分類，釐清根因

- 這次錯誤是流程、工具、角色分工還是認知不對稱？
- 引導團隊把問題點畫出來，不要只是「下次小心點」。

(2)對應制度中可改善的區塊

- 是不是該加一道確認流程？
- 是不是要改變回報頻率或內容標準？
- 是不是某角色的權責模糊？

(3)邀請團隊共同設計改進方案

- 主管不是自己訂新規則，而是引導大家一起設計「更順、更穩」的流程與標準。
- 這樣的改動更容易落實，也更具實效性。

案例：從報表錯誤到自動化機制升級

某連鎖餐飲集團曾在一季結算時，因區經理手動彙整報表出現誤差，導致財報延後發出並影響股東會安排。

營運主管巧真在處理完該事件後，召集區經理、資訊單位與會計部門，檢討出問題出在「不同地區用不同格式填報，後端整併無法自動辨識」。

最終，她推動導入線上彙整模組，統一格式與校驗規則。從那一季之後，報表錯誤率下降九成以上。

她說：「問題如果能讓我們的制度變強，那就不算白犯。」

制度修正，要注意三個原則

(1) 不要為例外訂規則

若錯誤只發生一次，且條件特殊，則不必急著訂制度，避免過度僵化。

(2) 新制度不能增加太多負擔

每個改善都應思考是否能減少重複、簡化流程，而非增加手續。

(3) 制度須透明並試行觀察

導入後的制度應公開說明緣由、使用方式，並設置試行期觀察效果再調整。

如果每次錯誤過後，你都能讓制度比昨天更好，那麼錯誤就不是代價，而是資產。

制度是組織的骨架，主管的修正動作，就是一種「強化骨架」的工程。真正的領導者，不只會滅火，更懂得在火熄之後補上防火牆，這才是治理的開始。

第八章

當主管，不只是把事做完

第一節
當主管不是升官，是換任務

很多人以為「當上主管」是一種升遷、一種榮耀、一種地位的象徵。但真正成為主管之後你才會發現，這不是從「職員變成頭頭」，而是從「解任務的人」轉變為「讓別人完成任務的人」。主管的本質，不是位階提升，而是角色改變、責任重構、任務轉換。

這一節，我們要談的是：當你成為主管，該怎麼調整自己的心態與工作方式，真正完成「角色切換」？

為什麼很多新主管當不好？

根據《哈佛商業評論》(*Harvard Business Review*)研究，約有 40%的新任主管在第一年會經歷顯著挫敗，最大原因不是專業能力不足，而是「角色混淆」與「身分定位不清」。

以下是幾種常見的錯誤心態：

(1) 升主管＝能力被肯定，所以要繼續做出績效

錯誤在於仍以個人績效為導向，導致什麼事都親自來、不放心、不肯放手。

(2) 升主管＝有話語權，所以我說了算

錯誤在於忽略領導是影響力而非命令權，導致團隊只服從、不認同。

(3) 升主管＝必須比下屬更厲害

錯誤在於轉不出「個人專業者」的角色，無法承認團隊有比自己強的人。

這些觀念不改，新主管很快就會卡住。

主管的任務，是完成責任的轉移與放手

成為主管的第一個挑戰就是：你不再是解題者，而是出題者。你不是自己衝，而是讓別人能衝。

以下是常見的三種「任務轉移」範疇：

(1) 從「自己做完」變成「幫別人做完」

你要問的問題不再是「怎麼做最快」，而是「誰做最適合？」、「怎麼讓他有資源做得好？」

(2)從「執行力」轉成「制度力」

你不再只是執行流程，而是需要設計流程、優化機制，幫助團隊減少出錯。

(3)從「跟著走」到「領著走」

你是節奏的設計者、方向的定調者，而不再只是隨波逐流的一員。

這些轉換需要勇氣，也需要方法。

案例：從最佳業務變成卡關主管

某家金融保險公司裡，小齊原是業務第一名，連續三年破百萬業績，升上主管後，他依然用「自己搶單」的方式帶團隊。結果團隊依賴他、主動性差，他自己又忙得焦頭爛額。

直到某次績效會議時，他的主管提醒他：「你的工作不再是『每月破百萬』，而是『讓五個人每人破五十萬』。」

這句話讓小齊徹底改變作法。他開始安排一對一輔導，將自己過去談案邏輯轉化為訓練教材，也逐步放掉大客戶，轉由資深業務承接。

半年後，團隊總績效反而比他個人獨衝時更高。

他說：「我以前以為升主管就是更努力、更能幹，現在知道，是更會設計環境讓別人能幹。」

調整身分的三項實務做法

(1) 每天自問：「這件事，非我不可嗎？」

將手邊工作分類為「必須親自做」、「可以授權做」、「可以讓新人嘗試做」，逐步放手。

(2) 把輸出換成輸出方式

不只是產出報表，而是設計報表模板；不只是解答問題，而是建立「常見問題解法庫」。

(3) 從「自己很強」到「讓別人強」

找到團隊中誰最有潛力，投資時間在他的成長上，並安排舞臺讓他發揮。

管理學者亨利．明茲柏格（Henry Mintzberg）曾指出，主管的任務不是「靠自己完成工作」，而是「創造讓工作能完成的環境」。這個觀念，也許才是所有升主管者最該記住的第一課。

升官的背後，是角色轉換

你不是從 A 職位升到 B 職位而已，而是從一個人完成工作，變成讓一群人能完成工作；從自我績效導向，轉向團隊成功導向；從技術工作者，轉向影響力創造者。

當主管，真正的成就，不是你多厲害，而是別人因你而變強。這個身分，值得你學習，也值得你重新定義自己。

第二節　組織不是靠你，而是靠制度走下去

在許多中小企業或新創公司裡，常可以看到「英雄主管」的存在：只要他在，一切順暢；只要他休假，團隊就停擺。乍看之下這是種能力證明，實際上卻是組織風險的來源。

這一節，我們要談的是：主管該如何從個人魅力走向制度建構，讓團隊不依賴特定個人，也能穩定運作、持續成長？

當一切都靠你，表示系統出問題

很多主管會說：「我做得最快、我溝通最順、我知道最清楚。」這些話背後的真相其實是：流程沒有被標準化、知識沒有被共享、授權沒有被落實。

當「做這件事要問主管」、「找資料要等主管」、「解釋要主管來講」，你就不是主管，而是最大瓶頸。

真正的主管，是把自己從必要位置「退下來」，讓團隊自己也能運作得動。

制度是什麼？不是 SOP 而是行動約定

在臺灣職場，「制度」常被誤解為「繁瑣的紙上流程」或「畫而不實的表格設計」，但制度真正的本質是：

- 一套可預期的行動邏輯
- 一組明確的角色分工與責任界定
- 一個讓團隊知道「該怎麼做、怎樣算好」的共同語言

制度讓組織不依賴人，而是依賴設計好的節奏與流程運行。

案例：把經驗寫下來，成為團隊共用財產

臺灣一家線上教育公司，原本教務單位只有兩位資深同仁，每當活動流程有問題，其他人都只能私訊詢問某一人。

主管小謙上任後，先進行一個月的「行動追蹤」，記錄大家如何處理流程、出現哪些錯誤與例外。他與團隊一起設

計出「活動排程手冊」，建立三種版本的處理標準流程，並交由資深同仁主導定期更新。

半年後，新人進團隊後僅需兩週就能獨立處理作業，出錯率下降六成以上，資深同仁也不再被追著問。

小謙說：「我不是要制度限制大家，而是讓制度釋放資深人才的時間與能力。」

建立制度的四個步驟

(1)找出反覆發生的問題或需求

哪些事常常問？哪邊最常錯？那裡就是需要制度的起點。

(2)共構流程，而非自己訂規則

找團隊中實際做事的人共同設計流程，提升實用性與參與感。

(3)簡化說明，讓大家一看就懂

少用冗長表格與專業術語，轉換成圖像或步驟式操作卡。

(4)試行與調整，而非一次定案

所有制度皆應設定「試行期」，收集意見後滾動修正。

主管角色：從專家變成制度設計師

一位主管的價值，不在於你會做什麼，而在於你能建立什麼結構讓事情自動發生。

制度設計者的日常任務包括：

- 發現痛點→制度優化提案
- 整理知識→建立文件／共享空間
- 鼓勵落實→定期檢視流程使用狀況

這些動作一旦養成，團隊即使你休假也能正常運作。

不靠你，是對你最好的讚美

真正穩健的組織，靠的是制度走得久，而不是靠人撐得住。

當你設計出清楚的規範、可預期的流程、透明的權責，就算主管換人、成員流動，組織也能穩定往前。

這不只是效率問題，更是治理能力的展現。

第三節
領導力是讓人願意跟你走

一個人是否具備領導力，不是看他的職稱、權力或資歷，而是看在沒人強迫的情況下，有沒有人願意自發地跟他一起走。當主管只是仰賴職權，那只是管理；當團隊願意追隨你，那才是領導。

這一節，我們要談的是：領導力的本質，是如何贏得人心與信任，讓團隊不只是「聽命」，而是「願意同行」。

為什麼有人一開口就讓人想跟？

我們都曾遇過這樣的人：他講話不大聲，卻有分量；他不愛命令，卻總是讓人想配合。這樣的人，不一定是高層，卻經常成為團隊的精神中心。

領導力來自三種能量的累積：

- 信任的基礎：你說的話能不能相信？你是否公平對待每個人？

- 價值的連結：你能不能說出「我們為什麼要做這件事」？
- 行動的示範：你說的，自己是否先做到？你怎麼面對壓力與困難？

這三者累積起來，才會讓人覺得：「跟你做事，我甘願。」

案例：一位中階主管的默默帶領

臺灣一家醫療器材公司，有位資深主管欣宜，不太愛講場面話，但她總是第一個進會議室、最後一個離開簡報場合。

在一次產品出錯導致退貨的風波中，她沒有急著責難，而是先帶著品保（品質保障）與客服部門回溯流程，三天內提出三項改善方案並主動聯絡主要客戶溝通。

結果團隊主動加班支援，沒人推辭，後來連其他部門都來請教她怎麼管理。

同仁說：「因為她做什麼都身體力行，我們會想挺她。」

領導，不是靠說服，而是靠連結

想要讓人願意跟你走，不是靠說服力，而是：

- 你能不能講出「我們為何做這件事」的意義？（價值導向）
- 你有沒有讓每個人都感覺「我有角色」？（參與感）
- 你是否在關鍵時刻出現、扛責、穩住？（存在感）

這些連結才是讓人甘心跟上的關鍵。

領導力的三個日常練習

(1) 說出願景，也說明「怎麼到」

不只是喊「我們要做第一名」，而是說明具體如何做、怎麼衡量進展。

(2) 問問自己：我今天的行為，有沒有合乎我說過的話？

言行一致，是信任的基礎。

(3) 多問一句：「你怎麼看？」

領導者不是講最多話的人，而是讓團隊說出更多可能的人。

領導是關係的累積，不是一次性的表現

你不可能一次演講就讓人永遠相信你，也不可能靠一次危機處理就建立深度領導力。它是每天、每件小事的堆疊，是你怎麼處理衝突、怎麼回應質疑、怎麼面對壓力。

領導，是日復一日用行動寫下的信任履歷。

主管的位子可以給你管理權，但只有你自己能建立領導力。真正的領導，是讓人在壓力中想靠近你，在困難時願意相信你，在不確定中願意跟你走。

第四節　不只要做對的事，也要讓人覺得值得做

做對的事很重要，但在組織裡，有時「對的事」卻無法推動，原因不是事情本身有問題，而是人們覺得「沒感覺」、「沒動力」、「沒意義」。主管在推動工作時，若只強調任務本身的合理性，卻忽略了參與者的情感與價值共鳴，就容易落入「說理對，但做不動」的困境。

這一節，我們要談的是：主管如何讓團隊不只理解該做什麼，更感受到「為什麼值得做」，喚起真正的內在動力與投入？

合理≠有感

你可能也經歷過這樣的場景：主管在會議中條列 KPI、邏輯清晰，但底下的人卻一臉冷淡，等到會後執行，推進緩慢、進度落後。

這是因為：

- 任務「對」沒錯，但與我無關
- 做了「會有成果」，但不覺得榮耀
- 任務「合理」，但太抽象無感

這時不是團隊懶惰，而是主管忽略了人對工作的心理需求——我們不只是要知道該做什麼，更要感受到我為什麼在做。

三種「讓人覺得值得做」的切入方式

(1) 意義切入：這件事為什麼重要？

不只是交代要完成什麼，而是說清楚「這件事對我們的客戶、團隊、未來有什麼價值？」

案例：一位人資主管推動工時系統轉換時，沒有只說「新系統更準確」，而是說「這會幫助大家少加班、少出錯、留下更透明的紀錄保障大家權益」，員工接受度因此大增。

(2) 角色切入：我在這裡扮演什麼角色？

告訴對方「你這個角色對整體任務的重要性」；讓人知道「我不是工具人，而是關鍵角色的一環」，會提升責任感與成就感。

(3)成長切入：做這件事我能學到什麼？

「這個專案是你第一次主導跨部門，會是很好的挑戰。」

「這次改版的資料整理，你可以學到新的報表工具，未來升主管會需要。」

這三種切入點會幫助團隊從「只是執行」進入「自我驅動」。

案例：讓 KPI 不再只是冷冰冰數字

在一家科技軟體新創公司中，行銷主管艾倫在一次年度目標會議中沒有直接讀出 KPI，而是先說：「我們去年透過一場線上活動，讓超過 1,000 位用戶學會自動化流程，這是我們不只賣產品，而是幫人解決問題的證明。」

接著他才提出：「今年的任務，是讓這樣的成果再擴大一倍，讓更多人真的受益。」

結果，整場會議不但凝聚團隊共識，成員還主動提出改版建議與新企劃。

艾倫說：「你讓人知道他正在建構什麼，而不只是完成什麼，他會更願意一起拼。」

任務要變成「意義行動」，才能內建動力

主管要做的不只是派工作，而是設計一種「情境」與「價值連結」：

- 將任務和組織使命連結
- 將行動和個人發展連結
- 將努力和團隊榮譽連結

這些連結會讓人把任務內化成「我想做」而非「我被要求做」。

動機不是灌輸，而是點燃

當主管懂得從價值、角色、成長三軸出發，不只交辦任務，而是讓人「覺得這件事值得做」，那麼你就不只是個指揮者，而是點火者。

一個領導者最大的價值，不是讓人聽話，而是讓人動起來，而且是心甘情願地動起來。

第五節
管理不是管人，是幫人變好

許多主管一開始會以為「管理」就是要盯人、糾錯、監督，確保大家照流程來、不出差錯。但如果管理只是這樣，那和機械操作員有什麼不同？真正有效的管理，是透過設計工作與引導方式，讓每個人都能在工作中被發掘、被成長、被變好。

這一節，我們要談的是：管理者如何轉換視角，從「控制」變成「發展」，讓人因為跟你共事而進步？

三個讓人變好的日常管理實踐

(1)從任務分派變成能力設計

不只是派工作，而是思考：「這份任務可以練到什麼能力？」

→例如讓新人成為會議記錄者，同時練習簡報邏輯與總結能力。

(2) 從糾錯轉為共學

錯了不是單方面責備，而是問：「下次怎麼會更好？」、「這個錯代表哪個技能還在養成？」

→建立一個錯誤即學習的文化，而不是懲罰文化。

(3) 設計可見的進步軌跡

幫助成員追蹤自己的成長，不論是 KPI 指標、任務難度、回饋頻率等

→讓他們看到「我不是原地踏步，我正在往上爬」。

案例：如何讓一位資深員工找回熱情

在一家連鎖商務服務公司中，主管凱文發現某位資深專員雖然穩定，但明顯失去熱情。與其壓 KPI，他選擇與對方深入對談，了解她其實有教學與分享的熱忱。

於是他邀請她設計「新人教戰手冊」並擔任內訓講師。結果她在三個月內表現回升，並主動提出流程優化建議，重新成為團隊的能量中心。

凱文說：「她不是沒能力，是我們沒給她可以用能力的舞臺。」

管理者是環境設計師

身為主管，你最重要的任務是「設計環境讓人變好」：

- 給任務，但也給成長空間
- 指出不足，也指引練習方向
- 設定目標，也給予支撐節奏

當人們感受到「我跟你共事會進步」，他們會主動追求卓越，而不是只等指令。

不只是管理任務，而是成就人

管理不是抓人，而是扶人；不是盯錯，而是找可能；不是分配工作，而是創造進步。

當你願意從任務背後看到人的潛力，管理就不再是辛苦的控制，而是有意義的陪伴與點燃。

第六節
小主管也有機會帶動改變

許多剛升任的主管常會覺得：「我只是個小主管，沒有太多資源，也沒有太大權力，能改變什麼？」但事實上，組織中的許多變革，正是從一線主管、一個流程的改善、一個提案的實驗開始發芽。

這一節，我們要談的是：在權限有限、資源有限的情況下，小主管如何創造實質影響力，推動局部改變，甚至帶動整個文化的轉變？

影響力，不等於位階

在《影響力》(*Influence*)一書中，心理學家羅伯特·席爾迪尼(Robert Cialdini)指出，影響他人不需要權力，而是來自信任、專業、示範與一致性。

對小主管而言，最有力的改變槓桿，來自三種行動：

◆ 提出可行的改變方案並示範落實

- 凝聚小範圍支持者一起嘗試
- 穩定追蹤成效並回饋給主管或同儕

這些都是建立影響力的開始，不需要資源也不需高位。

案例：助理主管推動會議效率革命

在一家臺灣中型科技公司裡，助理業務主管子芸觀察到每週例會冗長且缺乏結論，導致部門合作效率低。

她主動提出改變方案：

- 每次會前發送三點式議程
- 討論結尾由記錄人確認結論與行動人
- 每月一次由不同人輪值主持

她在自己的小組先行試辦三週，成果顯著，進度明顯加快，其他小組紛紛仿效。兩個月後，整個部門正式導入這套會議節奏機制。

主管說：「她不是用權力推動，而是用結果讓大家相信可以改變。」

小主管的三種行動力槓桿

(1)從問題感出發

觀察哪些地方大家一直有抱怨，卻沒人改善？那就是切入點。

(2)先做出小實驗

不用等所有人都贊成，只要找到一個願意試的場域，先做給大家看。

(3)讓結果說話

用數據、案例、回饋說明新做法帶來的實際改變，而不是空口鼓吹。

你不需要等到升到副總，才開始改善文化或流程。你從自己的小組、日常會議、文件格式、溝通方式著手，每一個微改變，都是在建構一種「我們可以更好」的文化氛圍。

影響不是命令，是累積；改變不是宣布，是示範。

成為行動者，而非等待者

在組織裡，真正推動改變的人，不是最有權的人，而是最願意開始的人。

小主管如果願意主動觀察、提出改善、穩定示範，哪怕只是個三人小組，也可能成為整個部門的學習對象。

第七節
怎麼從忙碌中拉出時間思考

你是不是也有這樣的經驗？每天會議滿檔、訊息轟炸、任務一件接一件，連吃飯都在處理簡報，等到晚上才發現：「今天又沒時間思考了。」

很多主管被任務推著走，忙碌中忘了問：「這件事為什麼要做？做這樣有效嗎？有沒有更好的方式？」

這一節，我們要談的是：在節奏緊湊的管理實務中，如何有效騰出時間與腦袋空間，養成持續反思與策略思考的習慣？

忙，不等於有價值；想，才有方向

在管理學者彼得 · 杜拉克（Peter F. Drucker）筆下，主管最重要的責任之一，是「做對的事，而不是只把事做對」。若沒有定期思考、修正策略與檢視資源分配，就只是盲目執行。

我們需要從「執行機器」轉變為「策略引導者」，而這個轉變的第一步，就是：為思考留出空間。

三個習慣，幫你在忙中找出思考縫隙

(1) 每日 15 分鐘「無任務時間」

安排在每天最清醒的時段（例如上午十點），完全不打開信箱、不接訊息，思考一個問題：「這週最該優化的是什麼？」

將這段時間寫入行事曆，視同會議處理。

(2) 每週一次「問題回顧」時段

星期五下午或週一早上，快速列出這週遇到的三個問題，問自己：「這些事背後顯示了什麼樣的流程、資源、溝通問題？」

(3) 會後空 5 分鐘，整理「值得再想」清單

每次開完會後，不急著投入下個任務，先寫下三個「會中沒時間細談但值得深究」的議題，下次排專門時間討論。

案例：總是救火的主管，如何建立思考節奏

臺灣一家連鎖服務業的營運主管怡君，每天處理的都是臨時事件，導致整個月無法完成規劃任務。

後來她強迫自己每天早上8:30到辦公室，只做兩件事：回顧昨天發生的例外事件、看一次本週目標進度圖。這30分鐘不回訊息，只問：「我今天最重要的資源要放在哪裡？」

三個月後，她的團隊專案完成率上升15%，她自己也開始能提前預見問題而非等著救火。

她說：「我不是不忙，而是我不再讓忙碌帶著我跑。」

打破「一直忙」的心理陷阱

有些主管心中會有一種焦慮：我如果停下來思考，會不會進度落後？會不會被人說不夠拚？

事實上，最好的領導者，是能夠「看見方向的人」，而不是「只會奔跑的人」。思考，不是偷懶，而是領導力的核心工程。

如果你每天都忙得像倉鼠在輪子裡跑，你就永遠無法拉高視角。只有你願意在節奏中停下來，回望、反思、重新聚焦，你才會知道「該做什麼」、「該停什麼」、「該改什麼」。

第八節　主管的影響力，是你每天怎麼做事決定的

很多人以為，主管的影響力來自頭銜、資歷或掌握的資源。但真正持久的影響力，來自每天怎麼做事、怎麼對人、怎麼回應小事。

這一節，我們要談的是：主管的影響力不是突如其來的權威表現，而是日復一日累積的信任與榜樣。

每天的選擇，堆疊出他人對你的認知

一位主管是否值得信賴、是否具備影響力，往往不是來自一次性的決策，而是日常習慣中：

- 你回不回訊息？怎麼回？
- 你有沒有準時開會？會中是否尊重每個人發言？
- 你對錯誤的態度是指責還是陪伴？

這些看似細微的選擇與反應，日積月累後，就成了別人對你領導風格的認知，也構成了你真正的影響力輪廓。

影響力＝信任＋一致性＋價值感

根據領導心理學家約翰．麥斯威爾（John C. Maxwell）的觀點，影響力來自三項要素：

- 信任：說到做到、誠實面對困境、不推卸責任；
- 一致性：今天這樣、明天不變，讓人知道你有原則；
- 價值感：你的行動能否讓團隊感受到「這是有意義的事」。

案例：靠日常累積的影響力主管

一家製造業公司中，廠務主管家豪不是那種口才一流、氣場很強的人，但他每天早上 7：55 一定出現在廠區、巡過設備才進辦公室。

只要有新人，他一定會在第一週親自講一次設備安全流程，並強調：「只要有任何不安全的情況，你可以直接找我，不必先報告主管。」

他的部門五年來零工安事故，流動率最低，也是最願意配合跨單位支援的團隊。

同仁說：「他不是最會講話的主管，但是我們最想跟著的主管，因為他說的和做的是一樣的。」

建立影響力的五個日常行為設計

①固定時間做固定事，讓團隊有預期感；

②不遲到、不甩鍋、不酸人，維持行為基準線；

③對錯誤處理有方法，不帶情緒反應；

④在任務之外問一句：「最近好嗎？」累積情感存款；

⑤在關鍵時刻站出來扛責任，展現承擔風格。

這些都是影響力的基石，不需大動作，只要每天練習。

許多主管擔心「我沒有威望」、「我不夠有說服力」，但忽略了最打動人心的領導，不是高喊願景，而是每天默默站在該站的位置，做該做的事，說應該說的話，守應該守的底線。

這種「厚度」，才是組織願意信賴與依賴的領導力。

你怎麼做事，就是你怎麼領導

一位主管的影響力，不在他說了什麼，而在他怎麼做事、怎麼處理衝突、怎麼對待人。

當你每天的行為都能一致、誠實、穩定地展現出對團隊的尊重與價值連結，你就不用「要求人服從」，人們自然會願意跟著你走。

真正的領導力，是一種「行為信仰」—— 你每天怎麼行動，就會吸引什麼樣的信任與共鳴。

尾聲
領導不是頭銜，是選擇的累積

成為主管，並不是擁有一個名片上的新稱號，而是你選擇成為怎樣的一個人：選擇在面對錯誤時引導而非指責，選擇在任務面前陪伴而非推責，選擇在壓力之中成為支點而非負擔。

本書寫給每一位不想只當命令發佈機、也不想當衝第一卻沒人跟上的主管。我們相信，現代領導力不再是喊口號、不再是高高在上，而是「做得到也說得清楚」、「懂得制度也願意談人心」的行動藝術。

你可能不是最有經驗的那位，不是最強勢的那位，但你可以是那個讓團隊變得更好的人。你每天的行為與選擇，就是最真實的領導教材。

領導，不只是你帶誰走，更是你選擇怎麼一起走。這條路不容易，但絕對值得。

現在，輪到你了。

後記
管理之路，是一場回到人心的修練

寫完這本書，我們心中最深的體會是：主管這條路，其實不像許多人以為的那麼理所當然。它不只是升職、發號施令、或是成為別人的上級，而是一連串選擇、一條回到人性的修練之路。

從我們第一章開篇談「當主管的第一步」，就試圖翻轉大眾對於主管角色的想像。這條書寫旅程，也陪伴我們不斷自問：在真實的職場裡，主管到底是什麼樣的存在？是管理資源的人？是帶隊達標的人？還是那個能讓一群人找到方向、守住初心、一起變好的人？

我們發現，每一位成功的領導者背後，都藏著一種「願意多想一步」的堅持。他們不只是完成工作，更是在打造文化。他們在乎進度，但更在乎人的心情。他們習慣問：「我做這件事，對團隊的長期發展有幫助嗎？」他們有時不見得是最有聲量的人，但他們總是最願意站出來扛責任的人。

這本書裡，每一章節都是從現場觀察與實務經驗中萃取而來，沒有教條、沒有抽象理論，只有「怎麼帶得動」、「怎麼讓人想做」、「怎麼把事情真的做成」。我們相信，只有貼近現場的語言，才是對今天的基層主管與第一線管理者最真實的支持。

我們更堅信，領導不是天賦，而是一種日常修練。它發生在你選擇不責怪下屬，而是陪他一起檢討的那個時刻；它藏在你忍住怒氣，靜下來傾聽背後真實情緒的那一段對話；它展現在你願意在失敗後坦承錯誤，而不是推卸責任的那個眼神。

我們也不諱言，這本書不是為了讓你成為「最厲害的主管」，而是希望你成為「最真實的主管」。你不必什麼都會，也不需要把自己撐得完美。你只需要願意開始思考：「我怎麼做，會讓團隊明天變得更好？」這個問題本身，就已經讓你離好的領導力更近一步。

領導是一種自我進化。它不需要演講能力、華麗技巧，也不是職稱堆砌出來的權威，而是從你願意主動多講一句話、多教一次流程、多擔一次責任開始。

也許你曾被質疑、曾被低估、也曾在無數夜裡懷疑自己是不是不適合當主管。但如果你正在閱讀這段文字，我們想對你說：

「你願意學習、願意傾聽、願意改變 —— 這就是你能成為好主管的證據。」

這一路，你會很累。你會遇到不配合的同仁、沒耐心的老闆、錯綜複雜的組織文化，但你也會看見下屬因你而進步、團隊因你而團結、組織因你而更好。

管理不是靠口才，而是靠選擇。選擇多問一次、晚走十分鐘、主動解釋流程、留一點時間傾聽。這些看似微小的行為，就是你影響他人、改變文化的開始。

所以，不要害怕自己不夠好，而是要勇敢開始做對的事，做那個對人有影響的人。

最後，謝謝你走到這裡。希望這本書，能在你疲憊時給你一點方法、在你迷惘時給你一點方向、在你懷疑時給你一點勇氣。

如果未來有一天，你的部屬也因為你而成為一位更好的人，那麼你已經成功了。

寫給每一位努力前行、懷抱真心的主管 ——

這不是一本管理的書，而是一本「與人同行」的書。

願你帶領的不只是工作，也是一段彼此成長的旅程。

電子書購買　爽讀 APP

國家圖書館出版品預行編目資料

不只是主管，現代領導的八大實戰策略：打造能執行、能感召、能變革的管理者 / 羅升智才 著 . -- 第一版 . -- 臺北市：山頂視角文化事業有限公司，2025.06
面；　公分
POD 版
ISBN 978-626-7709-18-4(平裝)
1.CST: 管理者 2.CST: 組織管理 3.CST: 職場成功法
494.2　　　　114007678

不只是主管，現代領導的八大實戰策略：打造能執行、能感召、能變革的管理者

臉書

作　　者：羅升智才
發 行 人：黃振庭
出 版 者：山頂視角文化事業有限公司
發 行 者：山頂視角文化事業有限公司
E-mail：sonbookservice@gmail.com
粉 絲 頁：https://www.facebook.com/sonbookss/
網　　址：https://sonbook.net/
地　　址：台北市中正區重慶南路一段 61 號 8 樓
8F., No.61, Sec. 1, Chongqing S. Rd., Zhongzheng Dist., Taipei City 100, Taiwan
電　　話：(02) 2370-3310　傳　　真：(02) 2388-1990
印　　刷：京峯數位服務有限公司
律師顧問：廣華律師事務所 張珮琦律師

定　　價：450 元
發行日期：2025 年 06 月第一版
◎本書以 POD 印製